Günther Wessel

# Einmal bis ans Ende der Welt

Legendäre Entdecker und
ihre abenteuerlichen Geschichten

Für Jakob und Franziska

MIX
Papier aus verantwortungsvollen Quellen
FSC www.fsc.org FSC® C110508

Bildnachweis
**Picture Alliance:** S. 10 (PA/Waterframe/Franco Banfi), 108 (PA/WILDLIFE/P. Oxford), 115 (PA/Artcolor/Bildarchiv Hansmann), 125 (PA/WILDLIFE/P. Oxford), 156 (PA/Nico Tondini/ Robert Harding), 168 (PA/Reinhard Dirscherl) **AKG-images:** Covermotiv (akg/North Wind Picture Archives), S. 28, 40 (akg/De Agostini Pict. Lib.), 66 (akg/R. u. S. Michaud), 70 o. l. (akg/Science Photo Library), 70 o. r., 82, 83, 94 (akg/Science Photo Library), 113 (akg/Science Photo Library), 122, 144 l. (akg/Science Photo Library), 144 r. (akg/North Wind Picture Archive), 160 l., 160 r. (akg/IAM), 174, 179 (akg/François Guénet), 186 (akg/ RGSEL), 193, 204 (akg/RGSEL) **Wikipedia:** S. 30 (Yale University Press), S. 70 u. (J. da Cunha) **National Oceanic & Atmospheric Administration (NOAA):** S. 212 (Steve Nicklas, NOS, NGS) **Nationalmuseum Prag (Národní Muzeum):** S. 134 (Vinzenz Raimund Grüner, Prag, 1829), **Kerstin Habel** (gemeinfreies, historisches Material): S. 8, 15, 16, 17, 18, 22, 23, 37, 46, 48, 53, 54, 59, 60, 63, 69, 72, 73, 85, 91, 99, 102, 104/105, 137, 149, 175, 181, 183, 197, 220

1. Auflage 2014

Illustrationen Seite 14, 26, 52: Tanja Kischel
Alle Karten mit Routenzeichnungen: Georg Behringer
Redaktion: Britta Vorbach
Grundlayout: Punkt und Komma, Claudia Böhme, Hamburg
Satz: Kerstin Habel/TOUMAart, Leipzig
Gesamtherstellung: Westermann Druck Zwickau GmbH
ISBN 978-3-401-06653-0

*www.arena-verlag.de*
*Mitreden unter forum.arena-verlag.de*

Günther Wessel

# Einmal bis ans Ende der Welt

Legendäre Entdecker und
ihre abenteuerlichen Geschichten

Arena

# Inhalt

# Die Entdeckung der Welt

*„Dienstag, den 7. Juni, um vier Uhr nachts, brach ein schwerer Sturm von Westen über uns herein; die Schiffe wurden getrennt und am nächsten Morgen wurden nur zwei von ihnen wieder zusammengeführt. Wir wussten nicht, in welche Richtung die anderen abgetrieben waren. Die Nacht neigte sich dem Ende zu, und kurz bevor der Morgen graute, war das Beisegel weggerissen, es blieb uns nur das winzig kleine Vorsegel. Die dritte Böe kam mit voller Kraft: Die Rute knickte in der Mitte und zu unserem Entsetzen barst der Mast. An diesem Tag und in der darauffolgenden Nacht fuhren wir ganz ohne Segel und holten auch das kleine Vorsegel ein. Vor uns türmte sich das Wasser zu riesigen Wellen auf, die auf uns zurollten. Wir fürchteten uns fast zu Tode".*

So berichtet eine alte Chronik über eine Reise Vasco da Gamas, der 1497 als erster Europäer den Seeweg nach Indien meisterte. Was trieb ihn an? Was trieb seine Zeitgenossen und all die anderen Entdecker an, sich solchen Strapazen auszusetzen? Stürmen zu trotzen, ins Ungewisse zu segeln, zu hungern und zu frieren, bis zur Erschöpfung und darüber hinaus zu marschieren, schlicht: ihr Leben zu riskieren. War es Abenteuerlust, Suche nach Ruhm oder Forscherdrang, war es Not oder Zwang? Warum schloss sich jemand einer Expedition wie der von Magellan an – einer Expedition über den Rand der bekannten Welt hinaus? Vielleicht gibt es im Menschen einen Entdeckertrieb.

Manche Entdeckerreise ist gut dokumentiert, über andere weiß man so gut wie nichts. Erst ab Mitte des 15. Jahrhunderts begann die Zeit der systematischen Erkundung der Welt. Expeditionen wurden ausgesandt, deren Berichte gesammelt, das Wissen in Karten eingetragen – langsam füllten sich die weißen Flecken mit Bergketten, Flussläufen, Seen und Buchten. Die Karten wurden gut versteckt, denn die Konkurrenz unter den europäischen Mächten war groß.

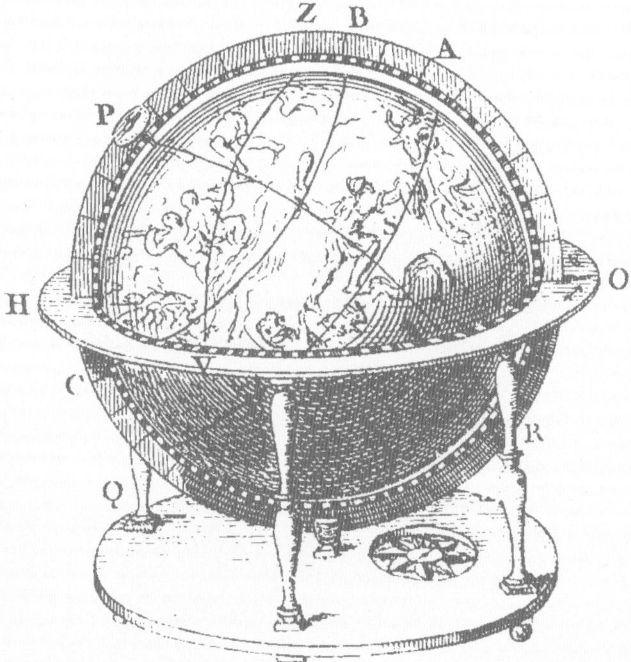

„Weltentdeckung" meint oft die europäische Entdeckung der Welt. Und oft genug die nachfolgende blutige Eroberung. Damals begann ein Dreiklang: Den Entdeckern folgten zunächst die Eroberer – mitunter bedeutete die Entdeckung auch gleichzeitig die Eroberung –, dann folgten, oft erst Jahrhunderte später, die Forscher. **„Der Amerikaner, der den Kolumbus entdeckte, machte eine böse Entdeckung"**, schrieb Georg Christoph Lichtenberg im 18. Jahrhundert ironisch; er meinte damit, dass die Ureinwohner Amerikas vom Zusammentreffen mit den europäischen Entdeckern nichts Positives hatten.

Kolumbus war tatsächlich nicht der *Entdecker* Amerikas, denn schließlich war der Kontinent bereits bewohnt – Kolumbus entdeckte Amerika nur für die Europäer. Auch die Viktoriafälle in Afrika waren den dort lebenden Menschen bekannt, natürlich unter einem anderen Namen. Andere Völker waren ebenfalls geübte und tüchtige Seefahrer und Entdecker. Die Polynesier befuhren bereits lange vor den ersten europäischen Entdeckern den Pazifik, sie fanden sich im Meer zurecht und segelten auf ihren schmalen Ausliegerbooten über Tausende von Kilometern. In vielen Ländern, vor allem denen Asiens, gab es Entdecker, die Bücher verfassten und Karten zeichneten: „Deutschland ist ein Land mit Schlössern aus weißem Edelstein", schrieb 1614 Yi Sue-Gwan, ein koreanischer Abgesandter der chinesischen Ming-Dynastie.

Die Europäer zogen aus, um Land zu finden, Gewürze und Edelmetalle, manch einer aus Wissensdurst oder um seinen Glauben zu verbreiten. Die Narben der Wunden, die Entdecker und Eroberer schlugen, sind bis heute sichtbar. Aber dennoch – die Faszination der Weltentdeckung, des Aufbruchs in Ungewisse, bleibt ungebrochen.

NOORDERLICHT

# Frühe Entdecker – Händler, Wagemutige und Pilger

Von Hernar von Norwegen soll man rechtwest nach Hvarf auf Grönland segeln und dabei wird so weit nördlich der Shetlands gesegelt, dass diese nur dann gerade noch zu sehen sind, wenn die Sicht sehr gut ist, und so weit südlich der Färöer, dass die See bis zur Mitte der Berge reicht, und so weit südlich von Island, dass man von dort Vögel und Wale bemerkt.

Das altisländische Hauksbók aus dem 13. oder frühen 14. Jahrhundert beschreibt ziemlich genau, wie man von der etwa 170 Kilometer nördlich von Bergen liegenden Insel Hennøy am Nordfjord in Norwegen zur Südspitze von Grönland, dem Kap Farvel, segelt.

Routinierte Segler können die Beschreibung heute noch nachvollziehen und haben berechnet, dass man so etwa 70 Kilometer nördlich der Shetland- und etwa 70 Kilometer südlich der Orkneyinseln vorbeisegelt. Das beweist: Schon im Mittelalter gab es geübte **Seeleute.**

Sie gab es auch schon früher. Aus der Zeit um 40.000 v. Chr. stammen die frühesten Besiedelungsspuren in Australien. Die dort lebenden Menschen können den Kontinent aber nur auf dem Seeweg erreicht haben. Um 5000 v. Chr. zeichneten Ägypter erste Schiffsabbildungen und um 1230 v. Chr. erfolgte – so erzählt es der griechische Dichter Homer – die Eroberung Trojas durch die Griechen. Sie sollen angeblich mit einer Flotte von 1000 Schiffen vor der Stadt gelandet sein. Um 800 v. Chr. befahren die Phönizier, die damals im heutigen Libanon und Syrien an der Mittelmeerküste siedelten, schon den gesamten Mittelmeerraum. Und ab diesem Zeitpunkt wird es zunehmend wichtig, wer die Seewege im Mittelmeer beherrscht. Venedig und Genua, die beiden italienischen Stadtrepubliken, wurden ab dem 12. Jahrhundert sehr mächtig, weil sie mit ihren schnellen Schiffen die **Handelswege** im Mittelmeer kontrollierten.

Die meisten frühen Seefahrer sind namenlos, denn sie haben keine Aufzeichnungen hinterlassen. Bei anderen lassen sich nur sehr mühevoll die Lebens- und Reisewege rekonstruieren – aus Berichten von dritten über deren Reisen oder aus Sagen und Erzählungen. Einige Entdeckungen erfolgten spontan; jemand zog los und plötzlich ergab sich ein Lebensweg, der ihn erst 29 Jahre später wieder nach Hause führte. Wirklich geplante Expeditionen in die Fremde gab es erst viel später.

Woher nahmen die frühen Seefahrer den Mut und die Ausdauer, die man für eine Reise ins Unbekannte brauchte? Oft war der Wunsch nach Besitz und nach Waren, mit denen man handeln konnte, stärker als die Furcht vor der Fremde. Und so sandten schon in der Antike **Kaufleute** ihre Reisenden aus. Auch Künstler waren mobil, auf der Suche nach neuen Wirkungsstätten und besonderen Materialien für ihre Werke. Zwar führte jede Reise ins Ungewisse und besonders Seereisen waren gefährlich, aber begehrte und seltene Güter wie Seide oder Zinn, für die man in der Heimat viel Geld ausgab, machten das Risiko bezahlt.

Und noch ein Ziel lohnte die Strapazen einer Reise: das Seelenheil, das Gefühl, Gott gepriesen oder eine gute Tat getan zu haben. Die Moslems reisten nach Mekka, die christlichen Pilger überwiegend durch Europa. Wer es sich leisten konnte, machte eine **Wallfahrt.** In Deutschland zu den Gebeinen der Heiligen Drei Könige nach Köln; wer weiter wollte, fuhr zu den wichtigsten Pilgerzielen der Christen: nach Rom, zum Stellvertreter Gottes, oder zum Grab des Apostels Jakobus im spanischen Santiago de Compostela oder nach Jerusalem. Früh schon erschienen Pilgerbücher. Sie gaben praktische Tipps für die Reise, darunter wo man per Fähre über Flüsse setzen konnte. Sie sind in gewisser Weise die ersten Reiseführer und beschreiben auch Unterkünfte. So heißt es in einem frühen Pilgerbuch über den Jakobsweg:

*„Auf Nazera [gemeint ist Nájera in Spanien] kannst du dich freuen, dort gibt man gern Almosen um Gottes willen. In den Spitälern ist man dir gern zu Diensten, ausgenommen im Spital des hl. Jakobus, da ist das Personal durchweg bösartig. Die Spitalfrau tut den Pilgern viele Gemeinheiten an, aber die Betten sind sehr gut."*

# Pytheas von Massilia
(um 380 bis 310 v. Chr.)

## Ein mutiger Händler am Rande der Welt

Pytheas friert. Solch ein Meer kennt er nicht. Zu Hause ist das Wasser warm und klar, die Sonne strahlt darauf und selbst im Winter wirkt es nie so bedrohlich. Unheimlich still ist es im dichten Nebel, der um das Schiff wabert. Der Grieche bläst sich die Hände, wickelt sich enger in den dünnen Mantel, zieht sich die Kapuze tiefer ins Gesicht und schiebt die Hände in die Ärmel. Langsam bereut er, dass er weiter nach Norden gesegelt ist. Alles um ihn herum ist grau, trüb, kalt und feucht. Wo endet der Himmel? Wo beginnt das Meer? Ist das Graue dort eine neue Nebelwand oder eine Insel?

Er wünscht sich, dass der Himmel aufreißt. Richtiges Licht, Sonne. Oder ein Sturm mit tobendem Meer – alles wäre besser als diese graue Stille, die sich wie ein Leichentuch über das Schiff gelegt hat. Aber die Nebelwand bleibt undurchdringlich. Zitternd, suchend, tastend schiebt sich das kleine Schiff vorwärts. Wie durch einen Wattebausch gedämpft hört Pytheas das Knarren des Mastbaumes, das Knirschen der schweren, schlapp herabhängenden Segel. Auch die Rufe der Matrosen sind kaum zu verstehen.

Langsam geht er über die glitschigen Planken zum Bug des Schiffes. Was ist das? Pytheas erstarrt. Neben dem Bug hebt sich ein riesiger Buckel aus dem Wasser. Eine gigantische Flosse folgt. Ein Monstrum! Es springt, peitscht die Wellen auf, hebt den Kopf und prustet eine Wasserfontäne in die Luft. Dann verschwindet es in der schwarzen Tiefe.

Ist dies das Ende? Die Strafe der Götter für seine Neugier? Warum hat er Massilia verlassen und ist so weit nach Norden gesegelt, viel weiter, als er ursprünglich wollte? Pytheas schaut sich um. Die Seeleute arbeiten weiter, als sei nichts geschehen. Hat er sich das Ungeheuer nur eingebildet? Er deutet aufs Meer.

„Das? Ach, das war nur ein Wal“, brüllt einer lachend und winkt mit seiner großen Pranke ab: „Groß, aber harmlos.“

Pytheas zwingt sich zu lächeln.

Was soll er tun? Das Monstrum lauert bestimmt noch ganz nah beim Schiff. Langsam geht er wieder zurück. Er klettert die wenigen Stufen hinab in den Bauch des Schiffes. Es ist glatt, fast wäre er ausgerutscht. Wasser? Nein, Eis! Es ist kalt, auch im Schiffsbauch. Und eng. Alles voller Zinn, das er in Britannien gekauft hat. Das wird ihn reich machen, wenn er wieder nach Hause zurückgekehrt ist. Er greift sich einen Krug, schüttet einen Becher voll mit einer goldgelben Flüssigkeit und trinkt. Kein Wein wie zu Hause, aber nicht so schlecht, wie er gedacht hat. Süß und stark, beides wärmt. Die Bewohner der Küste haben sie ihm mitgegeben, diese großen, bärtigen Kerle, die vom Fischfang leben. Eine Tagesreise südlich von hier. Met nennen sie das Gebräu aus Wasser, Hefe und Honig. Es macht Mut, haben sie ihm gesagt. Den kann er brauchen, hier an dem äußersten Nordrand der Welt! „Ultima Thule“, murmelt er in seinen Bart und lächelt. Vor ihm war keiner hier. Noch einen Becher.

Ein Ruck geht durch das Schiff. Der Becher kippt und die gelbe Flüssigkeit fließt über den Tisch. Ein lautes Knirschen vom Rumpf. Sind sie auf eine Sandbank gelaufen? Vor eine Felsklippe? Es knirscht wieder. Und wieder. Bei Neptunus! Waren seine Opfer an den Gott des Meeres nicht ausreichend? Pytheas stürzt nach oben. Seine Leute stehen am Bootsrand, rufen und zeigen ins Wasser.

„Das Meer!“, ruft der Bursche, der vorhin noch gelacht hat.

## „DAS MEER! ES HÄLT UNS FEST!“

Träge und geronnen liegt das Meer vor dem Schiff. Wie ein zäher Brei, der es festzuklammern droht. Grau, weiß und blau schimmert es im fahlen Licht. Eisige Inseln, die auf den Wellen schweben und immer wieder an den Schiffsrumpf schlagen, immer näher rücken, sich übereinanderschieben und das Schiff einzuschließen drohen. Die Männer schweigen jetzt alle. Einige bewegen die Lippen wie im lautlosen Gebet. Pytheas schaudert. Warum hat er nicht auf die Freunde gehört? Warum nur musste er weiter nach Norden segeln? Und wieder taucht etwas Dunkles aus dem Wasser auf. Zwei Bootslängen entfernt bläst eines der schwarzen Ungeheuer seine Fontäne in die Luft. Pytheas schüttelt sich. Den Neugierigen – ja, belohnen oder strafen ihn die Götter?

Es ist genug. Er geht zum Mast, stellt sich dort auf eine Tonne, ruft die Mannschaft zusammen und sagt dann nur: „Wir kehren um."

Was Pytheas als „geronnenes Meer" und als „zähen Brei" empfindet, ist natürlich gefrorenes Meerwasser. Das kennt der Grieche aus dem Mittelmeer nicht. Erst weit im Norden friert das Salzwasser des Atlantischen Ozeans – meist schieben sich kleine Eisschollen, das Treibeis, zu Packeis zusammen: Eis, das sich dann miteinander so fest verbindet und auch übereinander auftürmt, dass es Schiffe einschließen kann.

# Begehrte Waren aus dem Norden

Ab dem 7. Jahrhundert v. Chr. reisen immer wieder griechische Händler aus Phokäa (heute Foça nahe der Stadt Izmir in der Türkei) nach Südfrankreich. Nahe der Mündung der Rhône gibt es einen Handelsplatz, dort tauschen sie Töpferwaren und Schmuck gegen Zinn. Denn Zinn ist gefragt, da dieses zur Bronzeherstellung und damit zum Guss von Kunstgegenständen wie Statuen oder auch Münzen notwendig ist. Aus großen Lagerstätten in Südengland wird es ins Mittelmeer verschifft – teils über Flüsse, teils durch die Meerenge von Gibraltar.

Auch der als Schmuck oder als Tauschmittel sehr begehrte Bernstein, der vor allem von der Ostseeküste und der deutschen Nordseeküste kommt, gelangt über verschiedene Handelsrouten – zuletzt über die Rhône – nach Südfrankreich.

Dort, wo die Küste dank einer großen Bucht einen natürlichen Hafen bildet, gründen griechische Händler um 600 v. Chr. einen festen Stützpunkt, den sie Massalia (oder Massilia) nennen und der schnell zu einem wichtigen Handelsplatz wird. Es ist der Ursprung der heutigen Stadt Marseille. Dank der Lage an der Rhône – und somit am Endpunkt einer Handelsstraße – wächst die Stadt. Von hier aus befahren Händler das gesamte westliche Mittelmeer und gründen überall Niederlassungen. Obwohl sich die griechischen Händler wegen kriegerischer Auseinandersetzungen mit den Etruskern und den Karthagern aus dem westlichen Mittelmeer zurückziehen, bleibt Massilia ein wichtiger Umschlagplatz.

Einer dieser griechischen Händler in Massilia ist Pytheas. Er lebte von ungefähr 380 bis 310 v. Chr. Um 350 bis 320 v. Chr. beschließt er, die Zinnlagerstätten in Albion (England) und die Bernsteinfundorte an der Nord- und Ostseeküste aufzusuchen. Warum, ist ungeklärt. Manche Historiker vermuten, dass die Karthager ein Monopol auf den Zinnhandel hatten. Dann hätte aller Handel mit dem Metall über Karthago laufen müssen und das hätte Zinn für alle anderen sehr teuer gemacht. Karthago, das etwa dort lag, wo heute Tunis, die Hauptstadt Tunesiens, liegt, war bis zur Zerstörung der Stadt durch die Römer im Jahre 146 v. Chr. eine wichtige Seemacht im Mittelmeer. Vielleicht will Pytheas dieses Monopol durchbrechen?

Auch Bernstein ist ein wichtiges Handelsgut. Vielleicht suchen die Händler in Massilia auch eine Möglichkeit, Zinn und Bernstein direkt aus dem Norden einzuführen, ohne auf Zwischenhändler angewiesen zu sein. Und beauftragen also einen der Ihren, neue Handelswege zu erkunden?

Vielleicht paart sich bei Pytheas auch Händlerinteresse mit Neugier auf die Welt? Die Gründe können vielfältig sein. Wir kennen sie nicht, wir wissen auch nicht, wann Pytheas abreist und welche Reiseroute er wählt. Nimmt er die Strecke durch die Säulen des Herakles oder reist er zunächst über Land? Vielleicht schippert er auch über die heute französischen Flüsse Aude und Garonne und besteigt erst an der Atlantikküste nördlich des heutigen Bordeaux ein meerestaugliches Schiff.

**Als Säulen des Herakles bezeichnet man im Altertum die beiden Felsen, die nördlich in Spanien (Gibraltar) und südlich in Marokko (Dschebel Musa) die Meerenge von Gibraltar überragen. Sie bildeten für die Menschen im Mittelmeerraum lange das Ende der bewohnbaren Welt.**

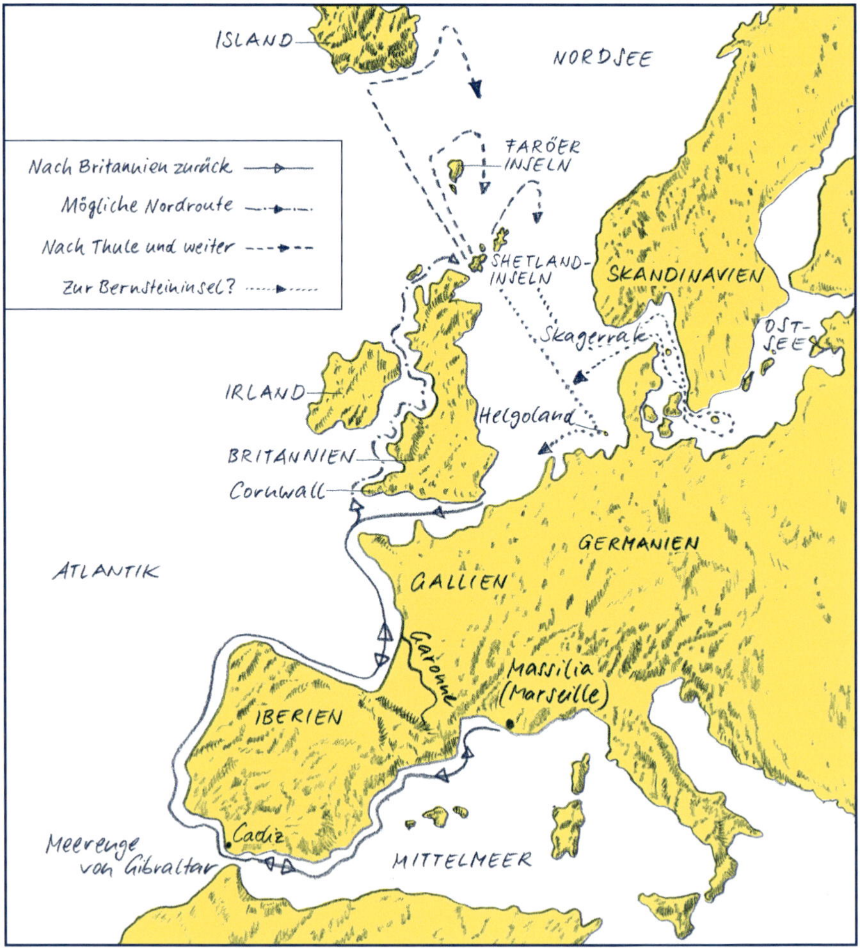


Sein weiterer Weg führt ihn nach Cornwall in Südengland, wo er die Zinnminen besucht. Er sieht, wie das Zinn geschürft, geschmolzen und schließlich zu Barren verarbeitet wird, und beschreibt später, wie es über einen Damm zu einer Insel vor der Südwestspitze Englands, vermutlich St. Michael's Mount, transportiert wird. Dort ist der Handelsplatz, wo sich Händler aus ganz Europa einfinden, um Zinn einzutauschen.

Nun hätte er mit einer großen Schiffsladung voll nach Hause, ins Mittelmeer, den Süden Galliens, zurückkehren können. Doch nein, er segelt vom Süden Englands nach Norden, entlang der Westküste. Im Westen blitzt eine „große grüne Insel“ auf, wahrscheinlich Irland. Und dann entdeckt Pytheas etwas, das im Mittelmeer unbekannt war: Mal zieht sich das Meer weit zurück und mal rückt es weiter auf den Strand – und zwar abhängig vom Stand des Mondes. Das ist der Tidenhub, Ebbe und Flut. Aufgrund der Schattenlänge seiner Sonnenuhr errechnet er die Entfernung von der Nordspitze Schottlands nach Massilia und irrt sich dabei nur wenig: Er ermittelt 1700 Kilometer – wir wissen heute, dass es 1800 Kilometer sind.

Von Schottland geht es noch weiter nach Norden, sechs Tagesreisen. Unterwegs sieht er seltsame Tiere – vermutlich Wale. Sie landen an einer Küste. Wo genau, ist ungeklärt. In späteren Büchern – so vom griechischen Geografen Strabon, der sich auf Pytheas beruft – wird berichtet, dass die Bewohner dort Wasser, Hefe und Honig zu Met mischen.

Wissenschaftler sind sich uneinig darüber, wo das gewesen sein kann. Entweder ist Pytheas an den Küsten Islands oder – wahrscheinlicher – Norwegens gelandet. Denn dort wurde jahrhundertelang und wird auch heute noch Met hergestellt.

Geminos von Rhodos, ein griechischer Astronom, der im 1. Jahrhundert v. Chr. lebt, zitiert aus Pytheas’ Bericht:

*„Es traf sich nämlich, dass in diesen Gegenden die Nacht ganz kurz war, an einigen Stellen zwei, an anderen drei Stunden, sodass die Sonne nach einer kurzen Zwischenzeit nach ihrem Untergang gleich wieder aufging.“*

Auf der Erde sind nur am Äquator die Tage immer gleich lang. Je weiter man nach Norden kommt, desto länger werden sie im Sommer und desto kürzer im Winter. Der Grund: die Erdkrümmung und der Weg der Erde um die Sonne. Deshalb ist in den nördlichen Polarbreiten im Hochsommer die Sonne immer, im Winter hingegen nie zu sehen.

Als Pytheas nach seiner Rückkehr von diesem Land erzählt, nennt er es **Thule.** Bis heute weiß man nicht genau, welches Land er damit meinte: Sind es die Färöerinseln, ist es Island, eine der Shetlandinseln oder das nördliche Norwegen? Für ihn und seine Zeitgenossen ist es jedenfalls der äußerste Nordrand der Welt. „Ultima Thule" wird dabei weniger als genauer geografischer Ort verstanden, sondern vielmehr als sagenumwobener Punkt, an dem die Welt endet.

Wo Pytheas auf dem Rückweg genau entlangsegelt, das weiß man bis heute nicht. Vermutlich durch das Skagerrak, die Meerenge zwischen Norwegen und Dänemark, und das Kattegat, die Meerenge zwischen Schweden und Dänemark, sowie den anschließenden Öresund hindurch in die Ostsee. Vielleicht aber auch an Helgoland vorbei entlang der deutschen Nordseeküste. Jedenfalls kauft er unterwegs noch Bernstein, denn für diesen zahlt man in der Heimat viel. Als erster Autor bezeichnete er den „Stein" richtig als versteinertes Baumharz.

Nach seiner Rückkehr nach Massilia schreibt er seinen Bericht: Das Buch „Über den Ozean" muss eine Sensation gewesen sein. Niemand vor ihm hat so viel über die Küsten der nördlichen Länder erzählt. Leider bleibt es nicht erhalten. Alles, was wir heute über Pytheas und seine Reisen wissen, stammt von späteren Autoren, die ihn zitieren oder auf sein Buch verweisen. Oft abwertend, da viele Pytheas nicht glaubten. Denn kein anderer Reisender traute sich so weit nach Norden und bestätigte Pytheas' Erfahrungen: Sonne in der Nacht und gefrorenes Meer – das müssen einfach Ausgeburten seiner Fantasie gewesen sein.

# Zeittafel

## Um 1500 v. Chr.

Die Phönizier befahren das Mittelmeer und erreichen durch die Straße von Gibraltar den Atlantik.

## 596–594 v. Chr.

Angeblich umrunden Phönizier vom Roten Meer aus ganz Afrika.

## Um 500 v. Chr.

Karthager besitzen Kolonien auf Sardinien, Sizilien, in Spanien, Gallien und an der Westküste Afrikas. Sie erreichen mit ihren Schiffen auch die Azoren.

## 334–323 v. Chr.

Alexander der Große erreicht auf dem Landweg Indien.

## Um 380 v. Chr.

Pytheas wird vermutlich in oder bei Marseille (Massilia) geboren. Er lebt dort als Händler und kauft und verkauft wahrscheinlich Zinn und Bernstein.

## Um 350 bis 320 v. Chr.

Pytheas bricht zu seiner Reise nach Norden auf, um die Zinnlagerstätten in England und die Bernsteinfundorte an der Nord- und Ostsee aufzusuchen. Seine Reiseroute ist unbekannt, auch wann er genau zurückkehrt.

## 325–321 v. Chr.

Nearchos, ein Admiral Alexanders des Großen erforscht den Seeweg vom Indus (Pakistan) zum Euphrat (Irak).

## Um 320 v. Chr.

Pytheas veröffentlicht seinen Reisebericht „Über den Ozean“. Er bleibt nicht erhalten. Man kennt heute nur Fragmente daraus, die spätere Autoren zitieren. Zeitgenossen und auch spätere Reisende glauben seinen Beschreibungen nicht.

## Um 310 v. Chr.

Pytheas stirbt in Marseille.

# Leif Eriksson

**(975 bis um 1020)**

## Ein Land, so viel schöner als hier

„Ich versteh dich nicht? Warum bist du nicht an Land gegangen? He, ihr da? Kapiert ihr das? Mensch, Bjarni! Du erzählst uns was von einem Land, das grün ist, wo es Wald gibt wie in Norwegen? Und gehst nicht an Land?"

Leif Eriksson schüttelt den Kopf. Er knallt seinen Becher auf den Tisch und starrt den Händler, der ihm kleinlaut gegenübersitzt, wütend an.

Bjarni wedelt mit seinen dicken Händen in der Luft herum. „Ich, ich wollte ..."

Doch Leif hört gar nicht zu. „Du bist mir ein Feigling. Wie bist du überhaupt dahin gekommen. Abgetrieben, sagst du. Hast wohl nicht aufgepasst? Nie was vom Breitensegeln gehört? Kannst wohl nicht richtig peilen?“

„Ja, doch, ich, ich wollte.“ Hilfe suchend sieht Bjarni die anderen am Tisch an und sucht weiter nach Worten. Jetzt hat er mal was zu erzählen und muss sich dauernd vor Leif rechtfertigen. Vor dem Großmaul. Gut, der wäre bestimmt an Land gegangen. Angst kennt er nicht. Aber mutig sein ist halt einfach, wenn man nie nachdenkt. Aber das sagt er jetzt besser nicht. Er kommt sowieso nicht zu Wort. Denn das führt Leif. Laut. Und höhnisch:

„Jaja, nicht segeln können und feige sein. Bjarni, du bist mir ein Schlappschwanz.“

„Mensch, Leif, lass Bjarni doch mal erzählen, unterbrich ihn doch nicht immer.“

Endlich mischt sich mal ein anderer ein. Denn die anderen am Tisch werden langsam sauer. Da kommt nach langer Zeit mal wieder jemand nach Grönland, sitzt mit ihnen zusammen im Langhaus und kann wirklich was Neues erzählen. Nicht nur alte Geschichten aus Island. Und Leif lässt ihn einfach nicht mal einen Satz ausreden. Er ist halt ein Großmaul, vor allem wenn viele Leute da sind und es ordentlich Met zu trinken gibt.

Jetzt füllt er sich den Becher wieder nach. Ein Großmaul, aber auch ein Draufgänger, der das Risiko liebt. Sicher wäre er an Land gegangen, auch weil ihm das Leben hier nicht gefällt. Immer redet er davon, dass es woanders besser ist, dass es besser sein muss. Genau wie sein Vater. Das war Erik der Rote und dem haben sie zu verdanken, dass sie heute hier sitzen. Der war auch so ein Angeber und Draufgänger. Was hatte er nicht alles erzählt? Damals in Island. Ein neues Land habe er entdeckt. Es sei grün und fruchtbar und deshalb habe er es Grönland getauft. Wunderbare Plätze für Siedler gäbe es dort.

„Also“, sagt Bjarni und sammelt sich, denn er weiß, was er jetzt erzählt, wird Staunen hervorrufen. „Also, alles sah grün aus“, sagt er, und als er die ungläubigen Gesichter sieht: „Jedenfalls von Weitem.“

„So grün wie hier?“, ruft einer dazwischen. „So grün, wie es uns hier Erik der Rote versprochen hat?“ Sein ungläubiges Lachen dröhnt durch den ganzen Raum und jetzt verstummen auch die Gespräche an den anderen Tischen. Neugierig kommen alle näher. Drängen sich um den Tisch, an dem Bjarni sitzt. Grün. Das ist das Zauberwort.

Aber sie glauben es nicht. Sie sind damals hereingefallen auf Erik den Roten. Mit 25 Schiffen waren sie von Island ins gelobte Grönland aufgebrochen, doch nur 14 Schiffe mit etwa 700 Menschen erreichten das Ziel. Sie gründeten an der Südspitze der Insel den Ort Brattahlid, was in ihrer Sprache „steiler Abhang“ bedeutet. Und sie merkten schnell: Der Name Grönland, den sich Erik ausgedacht hatte, war eine ziemliche Übertreibung. Grün war es nur an der Küste, im Innern war die Insel von einem Schnee- und Eispanzer bedeckt. Es wurde kälter, der kurze Sommer war schnell vorüber. Sie schimpften auf Erik und ihre eigene Leichtgläubigkeit und bauten Langhäuser. Riesige Buden, über 50 Meter lang und 15 Meter breit. Hier konnten sich ganze Familien hinter meterdicken Torfmauern vor der Winterkälte verstecken.

*So stellte man sich im 19. Jahrhundert die reisenden Wikinger vor.*

Bjarni sieht aufgeregt in die ungläubigen Gesichter.

„Nein“, sagt er langsam, „richtig grün. Wie Norwegen.“

Aber das kennen die wenigsten.

„Ja, grün mit Wiesen und dichten Büschen und hellen Hügeln, auf denen Bäume wachsen“, ergänzt Bjarni jetzt schnell. Er wird mutiger und die Worte sprudeln aus ihm heraus.

„So viele Bäume, wie ich noch nie gesehen habe. Und es war auch viel wärmer, als es hier ist, und die Sonne glitzerte auf dem Wasser und es gab viele Fische. Eigentlich war es sehr schön. Ich hätte …“ Er verstummt.

Einer spricht es aus: „Du hättest an Land gehen sollen!“

„Warum hast du nicht angelegt?“

„Ich glaub kein Wort ohne Beweise. Hättest doch einen Busch mitbringen können.“

Jetzt rufen die Männer aufgeregt durcheinander.

„Ihr braucht mir nicht zu glauben, aber es ist die Wahrheit“, sagt Bjarni plötzlich lauter, als er eigentlich will. „Es ist mir egal. Ich will ja gar nicht, dass ihr dahin segelt. Es ist mir egal. Ich habe das Land aber gesehen und die Bäume und die Wiesen.“

„Aber warum bist du nicht an Land gegangen?“, ruft wieder einer.

„Ich“, und nun zögert Bjarni wieder, „ich bin doch ein einfacher Händler. Niemand, der …“ Er stockt, seine Stimme wird leiser: „Ich, ich habe mich einfach nicht getraut.“

Stille. Alle schauen Bjarni an. Nur ein Geräusch. Ein Gluckern. Jemand füllt seinen Becher. Er hebt ihn, trinkt, räuspert sich. „Na, dann muss wohl mal ein anderer lossegeln“, brummt da der Mann, der für seine Verhältnisse schon lange nichts mehr gesagt hat: Leif Eriksson.

# Als Erster in Amerika

*Die Vinland-Karte: Im Zentrum ist deutlich Europa zu erkennen.*

Im Jahre 1957 bietet in der spanischen Stadt Barcelona ein Händler ein lateinisches Buch aus dem 15. Jahrhundert an. Es heißt „Historia Tartarorum", zu Deutsch „Geschichte der Tataren", und erzählt von der Reise eines Franziskanermönches in die Mongolei. Der amerikanische Antiquar Lawrence Witten ist fasziniert. Er kauft das Buch für 3.500 Dollar, weil er ein gutes Geschäft beim Wiederverkauf vermutet, und macht eine überraschende Entdeckung: Mit eingebunden in die Buchdeckel ist eine alte Weltkarte, die neben Afrika, Asien und Europa drei Inseln im Nordatlantik zeigt: nämlich die „Isolanda Ibernica" 1 (*siehe Karte oben*; leicht als Island zu erkennen), „Grouelanda" 2 (ebenso einfach als Grönland) und eine dritte, größere Insel, die als „Vinland" 3 bezeichnet wird. Deren östlicher Küstenverlauf – so findet man schnell heraus – entspricht ungefähr dem Neufundlands, dem Nordostzipfel Nordamerikas, der durch die Labradorsee von Grönland getrennt ist. Neben der Insel findet sich folgender Text:

„Vinilanda Insula a Byarno reperta et leipho sociis",

was frei übersetzt bedeutet: „Die Insel Vinland, von den Gefährten Bjarni und Leif entdeckt".

Wir wissen heute, wer Bjarni und Leif waren: Bjarni Herjolfssen und Leif Eriksson. Zwei Nordmänner, die auf Island geboren wurden und um 986 mit ihren Eltern nach Grönland auswanderten. Zwei alte nordische Sagen, die Grönland-Saga und die von Erik dem Roten, berichten von ihren Taten und denen ihrer Vorfahren. Davon, was Bjarni, Erik und Leif erlebten, wie sie lebten und wie sie Amerika entdeckten. Bjarni um 986 per Zufall, Leif, weil er dessen Bericht begeistert glaubte.

Leif liebt das Leben auf Grönland nicht. Es ist hart. Ackerbau ist nur in einigen vor Wind, Nebel und Kälte geschützten Buchten möglich. Der Boden wirft wenig ab, die Nordmänner züchten Schafe und jagen Rentiere, Robben und Walrosse. Deren Felle und Stoßzähne tauschen sie bei isländischen Händlern, die sie in der neuen Kolonie besuchen, gegen Eisen, Holz und Getreide. So fasst er einen Plan. Er will das von Bjarni gesehene Land finden. Er kauft Bjarni das Boot ab und rüstet eine Expedition aus. Um das Jahr 1000 segelt er los. 35 Mann sind an Bord, eigentlich sollten es 36 sein. Doch sein Vater – Erik der Rote, der erfahrene Seefahrer und vielleicht Leifs Vorbild als wagemutiger Entdecker – stürzt auf dem Weg zum Hafen vom Pferd und verzichtet deshalb auf die Reise.

Nicht, weil die Verletzung so schlimm ist, sondern vielmehr, weil solch ein Sturz als schlechtes Vorzeichen für die weitere Fahrt gilt.

Leif segelt zunächst die Westküste Grönlands entlang nach Norden, dann geht er auf westlichen Kurs. Die Nordmänner navigieren mit einfachen Methoden: Nach Süden segeln sie weitgehend entlang der Küsten. Nach Westen und Osten nutzen sie das sogenannte Breitensegeln.

Nachdem die Nordmänner beispielsweise die Faröerinseln, Island und die Südspitze Grönlands entdeckt hatten, war die geografische Breite dieser Punkte ungefähr bekannt, da die Entdecker über einen Stab den Winkel zum Polarstern anpeilen konnten. Spätere Seefahrer mussten dann, um wieder dorthin zu gelangen, von ihrem Ausgangspunkt zum Polarstern peilen. Stimmte der Winkel mit dem des Zielortes überein, befanden sie sich auf derselben geografischen Breite. Wenn nicht, mussten sie zunächst nach Norden oder Süden segeln. Einmal den richtigen Breitengrad getroffen, brauchten sie nur noch entlang des Breitengrades weitersegeln, um so ihr Ziel zu erreichen. Das Problem: Bei schlechtem Wetter, in bedeckten Nächten oder bei Nebel war kein Polarstern zu sehen und so konnte der Kurs auch leicht einmal verfehlt werden.

Bald sehen Leif und seine Mitstreiter Land. Sie segeln zur Küste, werfen Anker, setzen das Beiboot und rudern an Land. Doch von Bäumen und Wiesen ist hier nichts zu sehen. Grau, nicht Grün ist die vorherrschende Farbe, Steine, so weit das Auge blickt. Leif tauft die Region „Helluland" – „Steinland" und fährt weiter. Das kann nicht das gesuchte Ziel sein. Sein Kurs führt nach Südost, immer an der Küste entlang.

Je weiter er nach Süden kommt, desto grüner wird es. Der nächste Ankerplatz ist an der Küste Labradors. Die Chroniken berichten von langen Sandstränden, von riesigen Bäumen – ungewohnt für die Einwohner Grönlands, wo keine Bäume wachsen. Markland, also: Baumland, nennt Leif die Küste. Weiter südlich stoßen sie auf eine Insel – wahrscheinlich die heutige Belle Isle (schöne Insel) in der Meerenge zwischen Labrador und Neufundland.

Sie gehen wieder an Bord, überqueren die Meerenge und landen an der Spitze Neufundlands, dort, wo ein kleiner Fluss ins Meer mündete. Für die Nordmänner ist das hier das Paradies: Es ist warm und trocken. Sie können endlich ihre Fellmäntel ausziehen, sie finden Lachse im Fluss und im Meer – größer, als sie je zuvor gesehen haben. Überall grünt es, *„die Natur war so großzügig, dass es so aussah, als würde das Vieh im Winter kein zusätzliches Futter brauchen, sondern könne einfach draußen weiden“.*

Sie holen ihre Sachen vom Schiff – die Waffen, die Schlafsäcke, ein paar Bretter, aus denen sie einfache Unterstände bauen. Langsam erkunden Leifs Männer in Tagesreisen die Umgebung. Sie ziehen in Gruppen aus, treffen sich aber abends immer wieder.

**Die Grönlandsage berichtet:**

*„Eines Abends fehlte einer aus der Schar, und das war Tyrkir, der Deutsche. Leif war darüber in großer Unruhe.“*

Tyrkir war früher Leifs Lehrer gewesen, ein, so die Chronik, kleiner, hässlicher Mann mit steiler Stirn, flackernden Augen und Sommersprossen im Gesicht. Vermutlich ein Geistlicher, der aus Deutschland stammt und der Leif in Runenschrift, Sprachen und auch Waffenkunde unterrichtet hatte.

„Leif brach auf, um ihn zu suchen, und zwölf Männer begleiteten ihn."

Sie treffen ihn nahe dem Lager. Tyrkir ist sehr aufgeregt.

„Tyrkir sprach zuerst lange Deutsch, rollte die Augen und fletschte die Zähne und keiner verstand, was er sagte. Nach einer Weile sagte er aber dann auf Nordisch: ‚Ich ging nicht viel weiter denn ihr. Doch hab ich eine Neuigkeit für euch. Ich fand Weinranken und Weintrauben.' – ‚Ist das richtig, lieber Ziehvater?', frug Leif. ‚Gewiss', erwiderte Tyrkir, ‚wo ich daheim bin, fehlt es doch weder an Weinranken noch an Weintrauben.'"

Die Weintrauben geben dem neu entdeckten Land seinen Namen „Vinland". Und sie sorgen lange Zeit für Verwirrung bei Historikern und Archäologen. Wein wächst hier heute nicht mehr. Waren die Wikinger also woanders gelandet? Weiter südlich, in Virginia? Oder war das Klima damals anders und viel wärmer als heute? Wahrscheinlich gibt es eine viel einfachere Erklärung: Vinber, Weinbeere wird in Skandinavien auch die Johannisbeere genannt, und wilde Johannisbeeren finden sich heute noch in Neufundland ebenso wie die sehr ähnlichen Moosbeeren (Cranberry).

Die Nordmänner überwintern in ihrer Bucht, dann segeln sie nach Grönland zurück. Leif rettet unterwegs 15 schiffbrüchige Grönländer, was ihm den Beinamen „Leif der Glückliche“ einbringt. Begeistert erzählt er seinen Nachbarn auf Grönland von Vinland. Und so rüstet etwa im Jahr 1005 Leifs Bruder Thorvald eine weitere Expedition aus, um dort eine Kolonie zu gründen. Leif Eriksson selbst bleibt auf Grönland und er wird nach dem Tod seines Vaters im Jahr 1003 vermutlich der Anführer der Wikinger dort. Er stirbt um 1020, ohne weitere Seefahrten unternommen zu haben.

Im Jahre 1961, also etwa 960 Jahre nach der Landung von Leif Eriksson auf dem amerikanischen Festland und vier Jahre nach dem Fund der Vinlandkarte, suchen norwegische Archäologen in Neufundland nach Spuren der Nordmänner. Helge und Anne-Stine Ingstad finden an der Epaves Bay in L’ Anse aux Meadows, an der Spitze Neufundlands, eine Siedlung, die um das Jahr 1000 entstand. Sie graben elf Häuser aus, die im Baustil denen auf Grönland und Island entsprechen, sowie eine Schmiede – es sind Häuser, die Leif Erikssons Nachfolger, darunter sein Bruder Thorvald, und andere erbauten. Ihre Koloniegründung war vielversprechend, doch konnte sie sich nicht lange halten: Kriege mit den Ureinwohnern sorgten dafür, das sich die Nordmänner um 1030 wieder vom amerikanischen Kontinent zurückzogen.

Die Vinlandkarte wird 1959 für 250.000 Dollar von der Yale-Universität in New Haven im Bundesstaat Connecticut gekauft. Ihre Echtheit ist umstritten, auch wenn Wissenschaftler heute eher dazu neigen, sie als authentisch anzusehen. Sie wird leider nicht ausgestellt, sondern befindet sich in der Beinecke Rare Book and Manuscript Library der Universität, in der Abteilung für Manuskripte aus dem Mitteltaler und der Renaissance. Die Katalognummer ist MS 350 A.

# Zeittafel

## Um 795

Island wird von Mönchen aus Irland und Schottland besucht.

## 860–870

Laut altnorwegischer Chroniken gelangen erstmals norwegische Wikinger nach Island.

## Um 870

Norwegische Seefahrer umfahren erstmals das Nordkap, die nördliche Spitze Skandinaviens.

## Um 870

Der Isländer Gunnbjörn Ulfson treibt im Sturm nach Grönland und überwintert dort.

## Um 950

Erik der Rote, der Vater von Leif Eriksson, wird in Norwegen geboren. Seine Familie muss Norwegen verlassen und lässt sich auf Island nieder.

## Um 970

Leif Eriksson wird auf Island geboren.

## 982

Erik der Rote beginnt mit der Kolonisierung Grönlands. Ab etwa 985 lebt auch Leif Eriksson auf Grönland.

## Um 986

Bjarni Herjolfssen, ein isländischer Händler, wird im Sturm vermutlich zur Südspitze Neufundlands abgetrieben und segelt dann entlang der Küste Labradors bis zur Baffininsel.

## Um 1000

Leif Eriksson segelt los, um im Westen Land zu finden.
Er landet an der Küste von Neufundland und überwintert dort.

## Um 1003

Erik der Rote stirbt auf Grönland.

## Um 1005

Leifs Bruder Thorvald gründet an der Spitze Neufundlands eine Siedlung, die aber spätestens um 1030 wegen dauernder Kriege mit den Ureinwohnern wieder aufgegeben wird.

## Um 1020

Leif Eriksson stirbt auf Grönland.

# Marco Polo
## (vermutlich 1254 bis 8.1.1324)

## Drei Bettler in Venedig

Venedig, im Spätsommer 1295: Das Wasser der Lagune glitzert. Die Sonne strahlt auf den Markusdom, den Glockenturm und das bunte Treiben auf dem Marktplatz. Sie leuchtet auf den großen Kanal, sie strahlt auf die Schiffe, die dort vor Anker liegen. Eines aus Konstantinopel wird gerade vertäut, ein mächtiges Handelsschiff. Die Segel sind bereits heruntergenommen, nun wird die Gangway zum Ufer hinübergelegt. Die Passagiere stehen ungeduldig bereit, endlich vom Schiff herunterzukommen.

Am Ufer drängeln sich die Packleute, Tagelöhner. Sie warten auf das Reisegepäck, sie wollen auch die Kisten mit Gewürzen und Tüchern, die sich im Bauch des Schiffes verbergen, in die Handelshäuser bringen.

Am Ende der Reihe der Passagiere stehen drei Männer: zwei alte, einer im mittleren Alter. Schlecht gekleidet, fast zerlumpt. Langsam kommen sie von Bord, Gepäck haben sie nur wenig: kleine Umhängetaschen. Sie schauen sich unsicher um, strecken das Gesicht in die Sonne, blicken den schwarzen Gondeln hinterher, wie erschlagen vom Menschengewimmel. Der jüngste nimmt offenbar all seinen Mut zusammen. Er geht auf einen der Schauerleute zu.

„He, guter Mann", sagt er in einem seltsam klingenden Italienisch. „Schafft uns eine Gondel heran." Der Schauermann sieht den Fremden misstrauisch an, tut aber wie geheißen. Er bringt die drei zu einer Gondel und erhält dort eine fremd aussehende Münze. Zum Haus der Polos wollen die drei. Zu dieser alten Handelsfamilie. Was sie da wohl wollen?

Dort angekommen klopft einer der Alten kräftig an das Tor. Als es sich öffnet, erklärt er dem staunenden Türhüter: „Ich bin Niccoló Polo, das ist mein Bruder Maffeo", er zeigt auf den zweiten alten, „und das ist mein Sohn Marco." Der Türhüter lacht: „Das soll ich glauben? Ihr wollt die Polos sein? Die vor 24 Jahren weggingen. Ihr sprecht doch nicht einmal richtig Italienisch. Macht euch weg!"

Ärgerlich will er das Tor wieder schließen. Aber der jüngere stellt seinen Fuß dazwischen. „Wir sind die Polos. Ich bin Marco. Ich war 17, als wir loszogen. Zwei, drei Jahre wollten wir wegbleiben, 24, genau wie Ihr sagt, sind es geworden. Natürlich klingt unser Italienisch heute seltsam. In China spricht man schließlich Chinesisch."

Und einer der älteren fügt hinzu: „Wir sind keine Bettler. Wir sind reich. Wir können es beweisen."

Da ertönt eine Stimme aus dem Innern des Hauses. Der Hausherr: „Lass sie rein! Wenn sie es beweisen können, ist es gut.

Wenn nicht, können wir sie immer noch durchprügeln lassen und rauswerfen."

Die drei betreten das Haus. Seltsamerweise scheinen sie genau zu wissen, wo der Salon ist. Sie gehen schnurstracks darauf zu, öffnen die Tür, gehen hinein, legen ihre Jacken auf irgendwelche Stühle. Ohne Zögern. Der jüngere kramt in seiner Umhängetasche und zieht ein Messer hervor. Der Hausherr erschrickt. „Keine Angst", sagt einer, wieder in diesem komischen Italienisch. „Keine Angst."

Der jüngere nimmt das Messer und beginnt, die Nähte seiner Jacke aufzutreiben. Er schneidet in Säume und Futter. Heraus fallen Diamanten, Rubine, Saphire, Smaragde. „Wir haben vor der Heimreise unseren gesamten Besitz in Edelsteine umgetauscht."

Nun schaut der Hausherr genauer hin. Sollten die beiden alten wirklich seine Cousins sein? Und er hört auch genauer hin, als sie von ihrem Leben früher in Venedig, von ihren Eltern und Geschwistern reden. Davon, was Marco tat, als er noch ein Kind war. Und schließlich glaubt er es: Niccoló, Maffeo und Marco Polo sind wieder da. Nach 24 Jahren Reisen in Asien.

# Wahrheit oder Lüge?

*„Ihr Herrn Kaiser, Könige, Herzöge, Fürsten, Grafen und Ritter und alle, die ihr den Wunsch habt, Kunde zu erlangen von den mannigfaltigen Völkern des Menschengeschlechts und den verschiedenen Reichen, Provinzen und Ländern im Osten der Welt: Lest dieses Buch und ihr werdet darin die wunderbarsten und denkwürdigsten Beschreibungen der Menschen [...] finden, wie sie in diesem Buch von Marco Polo niedergelegt worden sind, einem klugen und gelehrten Bürger der Stadt Venedig, der genau unterscheidet zwischen dem, was er mit eigenen Auge gesehen, und dem, was er von anderen erfahren hat."*

So beginnen Marco Polos Aufzeichnungen, die er in neun Monaten – von September 1298 bis Mai 1299 – in Genueser Gefangenschaft seinem Mitgefangenen Rustichello da Pisa diktiert. Nach seiner Rückkehr aus China nach Venedig hatte man ihn schnell wieder in die Kaufmannschaft aufgenommen und ihm angeboten, das Kommando einer Galeere im Krieg gegen Genua zu übernehmen. Eine Auszeichnung – aber eine, auf die er besser verzichtet hätte.

Dann geriet er in Gefangenschaft, traf dort aber Rustichello da Pisa, der ihn überredete, ihm seine Erlebnisse aus China zu berichten. Rustichello schreibt sie vermutlich auf Altfranzösisch nieder. „Le livre de Marco Polo citoyen de Venise, dit Million, oú lón contre les merveilles du monde" („Das Buch des Marco Polo, Bürger der Stadt Venedig, genannt Milione, worin von den Wundern der Welt berichtet wird") wird schnell bekannt. Es erregt Aufsehen, wird häufig übersetzt (1477 erstmals ins Deutsche), viel bestaunt, bewundert, oft kopiert und genauso oft verfälscht. Es wurde schon von Zeitgenossen genauso begeistert gefeiert wie angezweifelt.

War Marco Polo, der vermutlich um 1254 in Venedig geboren wurde, ein Schwindler oder nicht? Hatte er seinen Bericht erfunden und aus anderen Quellen zusammengeschrieben oder alles selbst erlebt? Und die wichtigste Frage: Hatte er China bereist, war er am Hof des Kublai Khan, des Mongolenherrschers, gewesen und hatte für diesen gearbeitet?

Ob Marco Polo wirklich in China war, gehört zu den großen Mysterien der Geschichte der Entdeckung der Erde. Mal glaubte man ihm, dann nicht, dann wieder doch, dann glaubte man Teile seines Berichtes, glaubte, dass er zwar in China war, fand aber nirgendwo Hinweise auf seinen Aufenthalt dort: keine Inschriften, keine Dokumente, keinen Bericht, der auf seinen Aufenthalt verwies. Heute denken die meisten Wissenschaftler, dass Marco Polo nie selbst in China gewesen sei und in diesem Teil seines Reiseberichtes nur das erzählte, was ihm andere Reisende im Orient berichtet hätten.

Doch da Marco Polos Erzählungen – egal, ob sein Reisebericht auf eigener Anschauung oder anderen Quellen beruhte – das europäische Bild des Ostens lange Jahrhunderte geprägt haben, lohnt es sich auch heute noch, seine Erzählung genauer anzusehen.

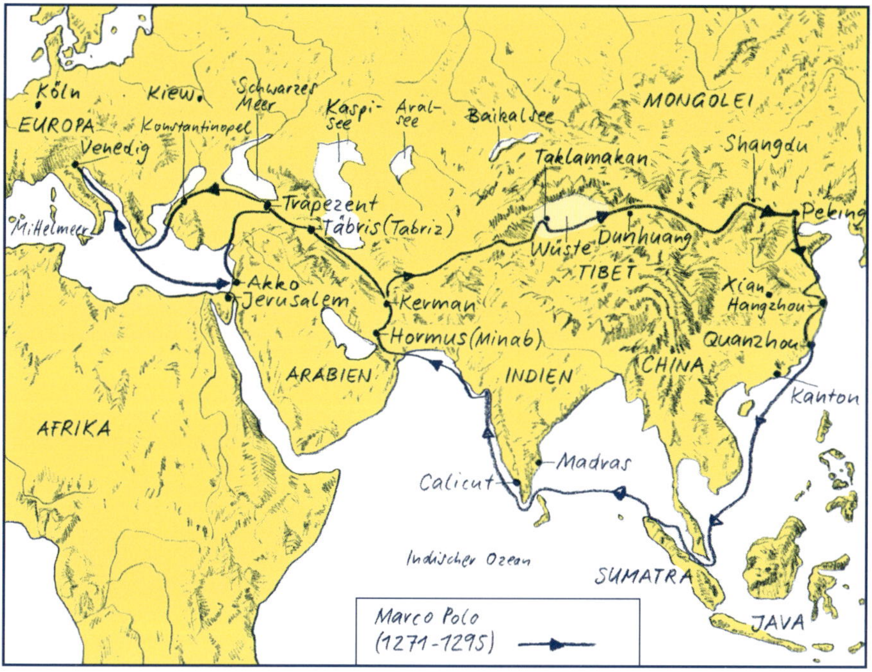


Die Vorgeschichte: Marco Polos Vater Niccolò und sein Onkel Maffeo, Juwelenhändler aus Venedig, reisen 1260 zunächst auf die Halbinsel Krim am Schwarzen Meer, um dort mit seltenen Steinen zu handeln. Kriegswirren, Abenteuerlust und Geschäfte treiben sie weiter nach Osten und über Buchara (Usbekistan) zum Hofe des Kublai Khan nach Peking. 1269 kehren sie wieder nach Venedig zurück. Im Gepäck einen wichtigen Auftrag: Sie sollten dem Papst eine Botschaft überbringen. Kublai Khan wünschte gesalbtes Öl aus dem Jesusgrab in Jerusalem und etwa einhundert christliche Gelehrte zum Verbreiten des Evangeliums in seinem Reich.

Als Vater und Onkel nach Italien zurückkommen, stecken sie in einer Klemme: Es gibt keinen Papst. Clemens IV. war 1268 gestorben und die Kardinäle können sich auf keinen Nachfolger einigen. 1271 beschließen die Polos, erneut aufzubrechen. Niccolò und

Maffeo wollen den Khan nicht länger warten lassen. Sie schiffen sich gemeinsam mit dem 17-jährigen Marco ein.

Im heutigen Israel gehen sie an Land. Sie reisen nach Jerusalem, besorgen dort das gesalbte Öl und lassen sich vom päpstlichen Botschafter im Heiligen Land einen Brief an den Khan mitgeben. In diesem versichert der Botschafter, die Polo-Brüder hätten alles versucht, die Wünsche des Khans zu erfüllen, es aber nicht vermocht, da immer noch kein Papst gewählt sei. Der wird erst wenige Wochen später ernannt, als die Polos schon die Küste Anatoliens erreicht haben.

Sie fahren weiter nach Täbris (einer Stadt im heutigen Iran) und in die Oasenstadt Yasd (Zentraliran). Im heutigen Minab (Iran), das damals Hormus hieß und einen wichtigen Handelshafen besaß, in dem Edelsteine, Seide und Perlen verschifft wurden, gelangen sie wieder ans Meer. Dort wollen sie sich eigentlich nach China einschiffen, doch entscheiden sie sich anders. Denn:

*„Die Fahrzeuge, die man in Ormus baut, sind primitiv und es ist gefährlich, sich ihnen anzuvertrauen."*

So wenden sich die Polos wieder nach Norden, sie durchqueren Usbekistan, das Hochland von Pamir – „so hoch sind hier die Berge, dass man keine Vögel in der Nähe der Gipfel sieht" –, die Abhänge des Hindukusch und die Wüste Taklamakan.

*„Man muss sich für mindestens einen Monat mit Proviant versorgen, weil man so viel Zeit braucht, um die Wüste auf dem kürzesten Weg zu durchqueren. [...] Während dieser 30 Tage geht die Reise unaufhörlich über sandige Flächen und kahle Berge."*

Die Polos folgen nun umgekehrt der Seidenstraße, jenem Handelsweg, der schon um Christi Geburt stark genutzt wurde, um Waren aus China nach Europa zu bringen. Sie begann im heutigen Xian (Mittelchina), lief von dort nach Westen bis Dunhuang und teilte sich dort in eine Nord- und eine Südroute um die Wüste Taklamakan.

Von Dunhuang geht es weiter nach Schangdu (Schang-tu oder auch Xanadu oder Xandu), das die Familie 1275 erreichte. Hier ist die Sommerresidenz von Kublai Khan, dem Mongolenherrscher, einem Enkel von Dschingis Khan. Stadt und Hof sind prunkvoll: ein Palast aus Marmor mit vergoldeten Dächern, Parks mit Wildgehegen voll seltener Vögel, Ställe für 10.000 Hengste und Stuten, die „weiß wie Schnee sind". Der Mongolenherrscher ist wahrscheinlich der mächtigste Mann der Welt: Sein Reich erstreckt sich von China bis in den heutigen Irak und im Norden bis nach Russland.

*„Kublai Khan ist von mittlerer Größe; seine Glieder sind ebenmäßig und seine Gestalt hat die günstigsten Proportionen. Er hat eine lichte, von leichtem Rot überzogene Gesichtsfarbe, die seinem Wesen viel Anmut verleiht. Seine Augen sind dunkel und schön, seine Nase ist gerade und hervortretend."*

So beschreibt Marco Polo den Großkhan, der ihn angeblich als Präfekten – einen hohen Verwaltungsbeamten – einstellt und für den Marco dann mehrere Reisen unter anderem weit in den Süden des Reiches bis nach Myanmar (Burma) und Südchina unternimmt.

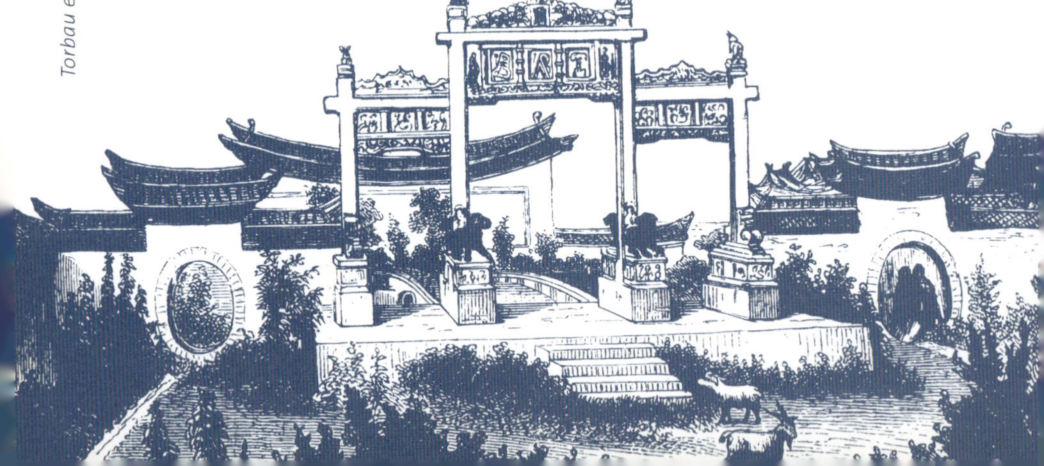

Torbau einer Pagode

Bis 1291 bleiben die Polos in China, dann schiffen sie sich im Hafen von Quanzhou, einer Stadt an der Formosastraße, der Meerenge zwischen China und Taiwan, ein. Über Sumatra und das heutige Sri Lanka erreichen sie erneut Hormus, dann 1295 schließlich Venedig.

Drei Jahre später nimmt Marco Polo als Kommandant einer Galeere an einer Schlacht gegen Genua teil. Bis 1299 bleibt er in Genueser Gefangenschaft.

Nach seiner Rückkehr heiratet er die Kaufmannstochter Donat Badoer und wird Vater von drei Töchtern, die Fantina, Bellela und Moreta getauft werden. Was sein Vater und sein Onkel in Venedig tun, ist unbekannt. Wahrscheinlich handeln, mit Edelsteinen, Stoffen und Gewürzen, so wie sie es vor ihren Reisen taten und es auch viele andere Venezianer tun.

Vater Niccolò stirbt um 1300, wann der Onkel stirbt, ist ungewiss. Von ihm ist nur ein Testament aus dem Jahr 1310 bekannt. Marco Polo selbst stirbt am 8. Januar 1324. Da ihn schon damals viele für einen Lügner halten, fordert der Priester ihn auf dem Sterbebett auf, endlich die Wahrheit zu sagen. Seine Antwort:

**„Ich habe nicht die Hälfte dessen erzählt, was ich gesehen habe!“**

# Zeittafel

*Vorbemerkung:*
*Da man vermutet, dass Marco Polo seine Reisen „nur erfunden" hat, sind natürlich auch alle Zeitangaben zu diesen Reisen umstritten.*

## Vermutlich 1254

Marco Polo wird in Venedig geboren.

## 1260

Marco Polos Vater Niccolò und sein Bruder Maffeo starten zu ihrer ersten Asienreise.

## 1266

Niccolò und Maffeo Polo gelangen zum Hof Kublai Khans, des Mongolenherrschers in Peking. 1269 kehren sie nach Venedig zurück.

## 1271

Abreise von Niccolò, Maffeo Polo und Marco Polo aus Venedig.

## 1275

Die Polos erreichen Schangdu (Schang-tu oder auch Xanadu oder Xandu), die Sommerresidenz von Kublai Khan. Marco Polo wird angeblich Präfekt des Herrschers und bereist in dessen Auftrag das Riesenreich.

## 1291

Nach mehr als 16-jähriger Tätigkeit für Kublai Khan erbitten die Polos von ihm ihren Abschied und schiffen sich im Hafen von Quanzhou ein. Über Sumatra und Ceylon erreichen die Polos 1295 Venedig, wo sie zunächst nicht erkannt werden.

## 1298

In der Seeschlacht bei Curzola führt Marco Polo eine Galeere der venezianischen Flotte gegen die Genuas. Die Genueser siegen, Marco Polo gerät in Gefangenschaft.

## 1298–1299

Marco Polo diktiert Rustichello während seiner Haftzeit in Genua seine Aufzeichnungen aus Pisa.

## 1324

Marco Polo stirbt am 8. Januar in Venedig.

## 1477

Marco Polos Bericht erscheint erstmalig auf Deutsch.

# Ibn Battuta

**(24.2.1304 bis 1368 oder 1377)**

## Ein Wunder am Hofe des Sultans

Der Sultan von Delhi ist in prächtiger Laune. Er thront auf seinem Diwan zwischen dicken Kissen, über ihm wölbt sich der Baldachin. Er lacht, streicht sich seinen Bart, greift noch einmal zu dem Obsttablett neben ihm und winkt seinen Gast zu sich heran.

„Hier nimm." Er wirft ihm eine geschälte Apfelsine zu.

Der Sultan erwartet keine Antwort, bestenfalls ein höfliches Nicken. Abu Abdullah Muhammad Ibn Battuta fängt die orange Frucht, senkt aber sofort wieder wie erwartet den Kopf. Bloß den Herrscher nicht zu lange ansehen – dessen Laune ändert sich schnell. Auf des Sultans Winken kommt er näher. Vorbei an den Bediensteten, die die Treppe hinauf zum Sultan säumen. Langsam und ehrfürchtig, immer noch mit gesenktem Haupt, schreitet er über die kostbaren Teppiche und steht schließlich vor dem Sultan. Er dreht die Frucht unsicher in den Händen. Soll er nun einfach hineinbeißen? Er legt die Hände auf den Rücken und verneigt sich tief.

Doch der Sultan hat die Frucht längst vergessen. Er klatscht in die Hände. „Ich zeige dir etwas, was du noch nie gesehen hast."

Was passiert jetzt?

Zwei weiß gekleidete Yogameister betreten den Saal. Ihre Körper und Köpfe sind mit Tüchern verhüllt. Sie nähern sich ebenfalls langsam dem Sultan, verharren aber am Fuße der Treppe.

„Meister, dies ist ein Fremder", sagt der Sultan und weist mit dem Finger auf Ibn Battuta. „Zeigt ihm etwas, das er noch nie gesehen hat."

Einer der beiden Yogis kauert sich auf den Boden, zusammengedrückt wie ein Würfel. Nichts passiert. Stille. Ibn Batutta hebt kurz den Blick, schaut schnell den Sultan an, dann blickt er wieder zurück auf den kauernden Yogi. Stille, nichts, die Zeit schleicht dahin. Ibn Battuta unterdrückt seine Unruhe. Er ist nervös. Er räuspert sich, der Sultan schießt einen Blick auf ihn ab wie ein Blitz. Wieder Stille. Und plötzlich, plötzlich erhebt sich der Yogi in die Luft, bis er über dem Kopf des Sultans schwebt.

Ibn Battuta erschrickt, er ringt nach Atem. Was ist das? Magie?

Ihm wird schwindlig. Er lässt die Orange fallen.

„Gebt ihm von dieser Medizin."

Ein Diener reicht Ibn Battuta einen Becher. Er trinkt. Langsam fällt der Schwindel ab. Der Mann aber schwebt immer noch über ihm. Der andere Yogi nimmt nun seine Sandale und schlägt damit auf den Boden, als sei er zornig. Darauf steigt die Sandale hoch und verharrt dem Kauernden gegenüber in der Luft. Auf ein Kommando schlägt sie dem Mann auf den Nacken, worauf der langsam zur Erde heruntersinkt.

Ibn Battuta fasst sich an den Kopf. Der Sultan aber lacht. Lacht so sehr, dass sein Turban wackelt: „Wenn ich keine Angst um deinen Verstand hätte, würde ich ihnen befehlen, dir noch etwas Besseres zu zeigen."

# 1001 Reise durch die gesamte Welt

Was sich wie eine Geschichte aus Tausendundeiner Nacht anhört, könnte wahr sein. Abu Abdullah Muhammad Ibn Battuta aus Tanger in Marokko beschreibt diese Episode jedenfalls in den Aufzeichnungen seiner Reisen. Ob der Sultan ihm irgendwelche Drogen gab, ob es sich um einen komplizierten Zaubertrick handelt – die meisten heutigen Zauberkünstler haben eine „schwebende Jungfrau" in ihrem Programm –, wissen wir nicht. Oder ob sie schlicht erfunden ist ...

Abu Abdullah Muhammad Ibn Battuta, meist nur Ibn Battuta genannt, wird 1304 als Sohn einer reichen Familie in Tanger geboren. Als Student der Rechtswissenschaft macht er sich gegen Ende 1325 zur Hadsch auf, der traditionellen Pilgerfahrt der Moslems nach Mekka. Doch er will nicht nur seine Pilgerpflicht erfüllen, am liebsten möchte er auch dort studieren. Denn man muss eines wissen: In Mekka, Medina, Kairo, Damaskus und in Bagdad, im sogenannten Nahen Osten, liegen die berühmtesten Hochschulen der arabischen und muslimischen Welt. Bildungsstätten von Weltruf.

Auf dem Rücken eines Kamels zieht er los. Entlang der Mittelmeerküste durch Nordafrika. In Tunis trifft er, so schreibt er später, einen Asketen, einen weisen Mann, der sein Leben verändert. Denn der sagt zu ihm:

*„Ich sehe in dir einen Menschen, der geboren ist, fremde Länder zu bereisen. Du musst unbedingt meinen Bruder Farid in Indien besuchen und meinen Bruder Rukn in Pakistan und meinen Bruder Burhan in China."*

„Ich war erstaunt über diese Voraussagen", notiert Ibn Battuta in sein Tagebuch, aber ganz abwegig findet er die Aufforderung nicht. Auch das ist nicht verwunderlich: Einem jungen Gelehrten aus dem arabischen Raum steht die Welt im 13. Jahrhundert offen – die islamische Welt. Sie erstreckt sich von Südspanien über den Norden Afrikas, über die Arabische Halbinsel, Teile Indiens bis weit nach China hinein – und Arabisch ist die Sprache, die überall verstanden wird.

Und so zieht Ibn Battuta am Meer entlang weiter nach Kairo, schon damals eine quirlige Metropole: Er schätzt, dass 36.000 Schiffe auf dem Nil verkehren und dass 12.000 Wasserträger und 300.000 Eselstreiber in der Stadt unterwegs sind. Dann schließt er sich einer Karawane an, die nach Damaskus unterwegs ist, bewundert dort die neu errichtete Zitadelle und betet in der Umayyaden-Moschee. Später schreibt er in seinem Reisebericht:

*„Die Umayyaden-Moschee ist die großartigste auf Erden, die vornehmste, schönste, würdigste und vollendetste. Ihre eine Hälfte dient als christliche Kirche – wie einst das ganze Gotteshaus: Als die Muslims die Stadt eroberten, stieß ein Anführer von der einen Seite mit Waffen in die Kirche vor, ein zweiter aber von der anderen Seite kam im Frieden. Zur selben Zeit erreichten beide die Mitte. Die Hälfte der Kirche, die ohne Waffen betreten wurde, verblieb den Christen, die andere wurde zur Moschee."*

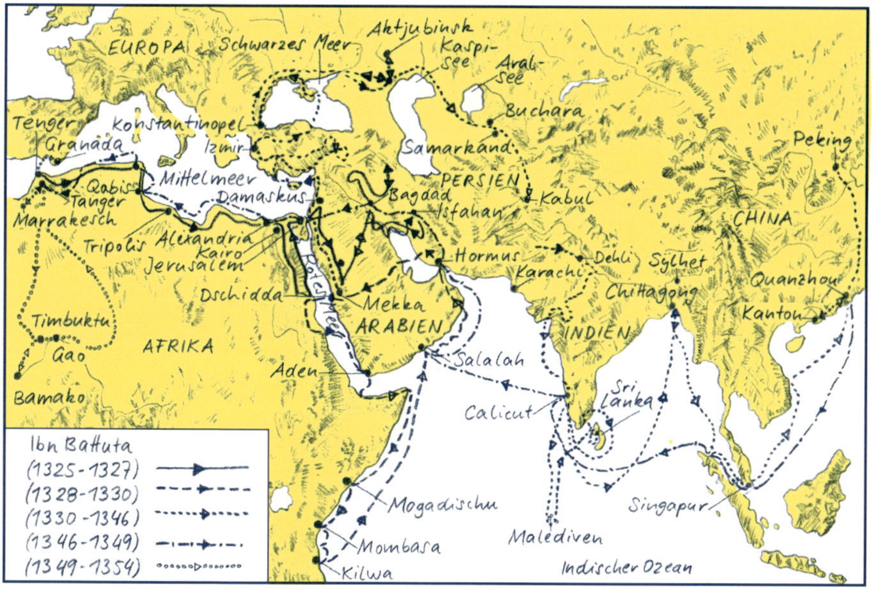


Von Damaskus reist Ibn Battuta mit einer Karawane nach Medina und dann nach Mekka. Eine Karawane bietet dem einzelnen Reisenden Schutz, kann aber auch gefährlich sein: Wenn 500 Menschen und ebenso viele Kamele gemeinsam unterwegs sind, muss der Karawanenführer jeden Abend eine Stelle wissen, wo diese Menschen genügend Wasser und eine sichere Unterkunft finden. Zudem: Nicht allen Mitreisenden in der Karawane kann man vertrauen. Es gibt einzelne Händler, es gibt sogar Imame für den Gottesdienst, es gibt Wissenschaftler, es gibt Sklaven, es gibt Dichter, Musiker, Ärzte und Bettler – es gibt aber auch Gauner und Ganoven dabei.

Nach anstrengenden sechs Wochen gelangt Ibn Battuta über die Pilgerstadt Medina schließlich nach Mekka. Sein Wunsch, die heilige Stadt zu sehen, ist erfüllt: Gemeinsam mit anderen Pilgern umkreist er sieben Mal die Kaaba, ein fensterloses, würfelförmiges Gebäude im Hof der Hauptmoschee.

Die Pilgerfahrt ist nun abgeschlossen. Ibn Battuta könnte nach Hause zurückkehren. Ist es der Spruch des Asketen oder Abenteuerlust? Statt nach Tanger zur Familie zieht Ibn Battuta gen Osten: nach Bagdad, nach Basra, nach Isfahan, in den heutigen Irak und den heutigen Iran, an Orte der Wissenschaft und Kunst. Dann wieder zurück nach Mekka, wo er zwei Jahre bleibt, um sein Studium zu beenden.

Nun kann er sich erst recht überall in der islamischen Welt bewegen – sein Studium macht es möglich. Er ist Kadi (Richter). So schifft er sich 1328 ein und befährt die Ostküste Afrikas. Bis südlich von Mombasa geht die Reise, dann zurück nach Mekka. Zum dritten Mal ist er nun in der heiligen Stadt. Sie scheint der fixe Punkt seines unsteten Wanderlebens zu sein.

1330 will er nach Osten, nach Indien, um dort eine Stelle beim Sultan von Delhi zu bekommen. Der ist erst kürzlich zum Islam übergetreten und sucht nun moslemische Gelehrte. Vielleicht will Ibn Battuta auch Handel treiben mit den Völkern des Ostens? Schließlich finanziert er so seine Reisen. Er kauft und verkauft – Gewürze, Pferde, Kamele, Stoffe, Tücher.

Ibn Battuta reist mit Kamelkarawanen oder auf dem Pferderücken durch Anatolien, überquert mit einem Händlerschiff das Schwarze Meer und trifft am Nordufer auf die Karawane des Khans (Anführers) der Goldenen Horde, eines Tartarenreiches: Muhammed Usbek Khan. Das Reich des Khan ist nicht zentral organisiert, er zieht herum mit seinem Hofstaat und besucht die verschiedenen Residenzen seines Herrschaftsgebietes. Ibn Battuta schließt sich ihm an, reist mit dem Khan nach Astrachan und von dort gemeinsam mit einer der Frauen des Khans, die schwanger ist und ihr Kind in ihrer Heimatstadt Konstantinopel (heute Istanbul) bekommen will, dorthin zurück.

Das liegt nun nicht auf dem Weg nach Osten, aber Ibn Battuta besitzt die wichtigsten Eigenschaften aller Reisenden: Neugier und die Lust, bestehende Pläne zu ändern. Anfang des Jahres 1333 kehrt er nach Astrachan zurück, um dann weiter am Kaspischen Meer vorbei, nach Buchara und Samarkand zu ziehen. Von dort aus wendet er sich Richtung Süden nach Afghanistan, um über die Pässe nach Indien zu gelangen.

*„Von Kabul aus nahmen wir den Weg nach Kirmasch, der sich schmal zwischen zwei Bergen dahinzieht, wo die afghanischen Wegelagerer ihr Unwesen treiben. Wir bekämpften sie den ganzen Weg über mit Pfeilen, während sie sich oben auf den Bergen verschanzten."*

Glücklich in Indien eingetroffen, kauft Ibn Battuta zunächst ein: Pferde, Kamele, Sklaven, denn er hat gehört, dass man dem Sultan von Delhi großzügig Präsente machen soll. Nicht allein, um sich einzuschmeicheln, sondern auch, weil der die Gaben dann doppelt oder dreifach erwidert. „Sei unbesorgt, ich werde dir Wohltaten erweisen und dir Gunstbezeichnungen zukommen lassen, damit deine Landsleute davon hören und dich aufsuchen werden", heißt es schon bei der Begrüßung, als er sich beim Sultan vorstellt.

Der Sultan hält Wort. Ibn Battuta wird jahrelang mit Geschenken überhäuft. Tausende von Dinar als Gehalt für seine Arbeit als Richter, Berater und gelehrter Gesprächspartner. Dazu kommen Sklaven und Sklavinnen, Edelsteine, Seide, Gold und Pferde, später sogar Ländereien.

Doch so prächtig und aufregend sein Leben auch ist, Ibn Battuta wird es langsam unheimlich. Er merkt, wie launisch der Sultan ist. Widerspruch, auch in Kleinigkeiten, genügt und der Herrscher wird zornig. Nicht der geringste Fehler wird nachgesehen und nur wenige überleben den Ärger des Herrschers. Er lässt Untergebene foltern oder auch töten, oft aus einer Laune heraus.

So lebt Ibn Battuta zwar in überbordendem Luxus, zugleich aber immer in Angst – neun Jahre lang. Und deshalb ist er froh, als der Sultan ihn 1342 nach China sendet, dem Kaiser in Peking Geschenke zu überbringen. Von Delhi zieht er los, mit einer ganzen Karawane, Kamelladungen von edlen Stoffen, Perlen, Geschmeide und Gewürzen. In Calicut lässt Ibn Battuta zwei Dschunken beladen, eine mit den Geschenken des Sultans, die andere mit seinen Habseligkeiten. Noch als die Schiffe im Hafen liegen, kommt ein Sturm auf – Böen knicken die Maste wie Streichhölzer und die größere Dschunke mit des Sultans Geschenken sinkt.

Ibn Battuta steht am Kai. Was tun? Zum Sultan zurück? Unmöglich. Niemals würde der ihm glauben. Der sichere Tod würde ihn erwarten.

So besteigt er das nächste Boot. Die Malediven sind dessen Ziel. Dort bleibt er neun Monate, schifft sich dann aber nach Ceylon (Sri Lanka) ein und später nach China. Dort, in der Hafenstadt Quanzhou, trifft er schließlich einen Mann.

*„Von wo bist du?", fragte ich. „Aus Ceuta." – „Und ich bin aus Tanger", erwiderte ich. Da erneuerte er seinen Gruß und weinte, bis auch ich schließlich weinte wie er.*

Der Marokkaner Ibn Battuta hat im fernen China einen Landsmann getroffen – Ceuta [heute Spanien] und Tanger [Marokko] sind beides Städte an der Südküste der Straße von Gibraltar nur etwa 70 Kilometer voneinander entfernt. Nach dieser Begegnung überfällt Abu Abdullah Muhammad Ibn Battuta Heimweh. Er, der unzählige Länder gesehen hat, der weiter gereist ist als irgendein Mensch vor ihm, der seit 21 Jahren unterwegs ist. Nun will er nach Hause.

Drei Jahre braucht er für den Weg über Calicut, Hormus, Bagdad und Damaskus, wo die Pest wütet. Dort erfährt er, dass sein Vater inzwischen tot ist, zurück in Tanger, dass auch seine Mutter einige Monate zuvor gestorben ist. Was will er nun zu Hause?

Er zieht nochmals los. Nach Spanien, Andalusien, dann zurück nach Afrika. Im Herbst 1351 durchquert er mit einer Kamelkarawane die Sahara. Sein Ziel ist Timbuktu, das damalige Zentrum der islamischen Wissenschaft mitten in der Wüste. Ibn Battuta bewundert die Lehmmoscheen der Stadt, die Bibliotheken und trifft Schriftgelehrte. Er reist weiter nach Bamako, in die Hauptstadt des heutigen Mali. Er befährt den kilometerbreiten Niger, denkt, es sei der Nil, und erfährt Seltsamkeiten aus dem Herzen Afrikas.

*„Ein vertrauenswürdiger Mann versicherte mir, dass die Ungläubigen in manchen Teilen dieses Landes Menschen essen."*

Aber er als hellhäutiger Berber ist nicht gefährdet: Denn – so der Zeuge – sie würden nur schwarze Menschen essen.

*„Die weißen, so behaupten sie, schadeten der Gesundheit, da sie noch nicht ganz reif seien."*

1354 trifft Ibn Battuta in Fes, in Marokko, ein, wo er bis zu seinem Tod im Jahr 1368 oder 1377 lebt. Im *„schönsten aller Länder, wo es Früchte, frisches Wasser und nahrhaftes Essen im Überfluss gibt"*.

Wanderlust und Fernweh oder Fantasie und Belesenheit. Es ist nicht sicher, ob Ibn Battuta alle Länder, die er beschrieb, wirklich besucht hat. Es ist nicht einmal sicher, ob er überhaupt je gereist ist. Schon Zeitgenossen, wie der Historiker und Landeskundler Ibn Khaldun (1332–1406), zweifelten die Wahrhaftigkeit seiner Darstellungen an. Wissenschaftler haben seine Texte mit anderen verglichen, sie finden Ähnlichkeiten, aber Ibn Battuta schrieb auch, dass er Sagen und Legenden fremder Orte aufgenommen habe, dazu Berichte von anderen Reisenden.

Doch wenn Ibn Battuta wirklich gereist ist, dann nicht, um ein Ziel zu erreichen. Er reiste, um zu reisen. Um die Welt in all ihrer Schönheit zu erkunden. Immer zog es ihn weiter. Erst am Ende seines Lebens wurde er sesshaft. 29 Jahre unterwegs, 120.000 Kilometer, was bedeutet, dass er dreimal die Erde umrundet hat – er war der größte Reisende nicht nur seiner Zeit.

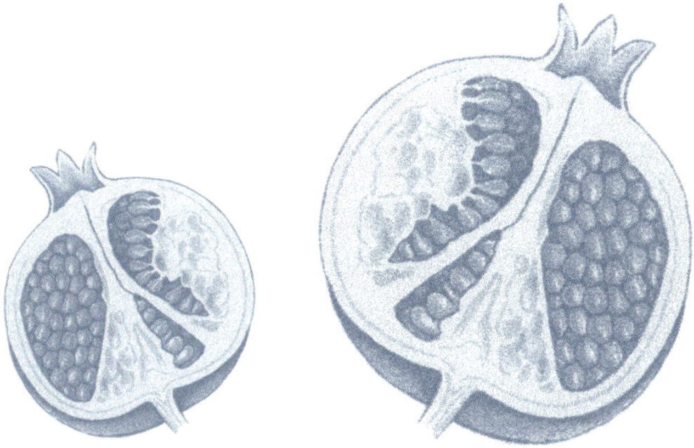

**IM „SCHÖNSTEN ALLER LÄNDER, WO ES FRÜCHTE, FRISCHES WASSER UND NAHRHAFTES ESSEN IM ÜBERFLUSS GIBT".**

# Zeittafel

## 1304

Abu Abdullah Muhammad Ibn Battuta wird am 24. Februar in Tanger/Marokko geboren.

## 1325

Ibn Battuta verlässt Tanger, um als Pilger nach Mekka zu reisen. Nach erfolgreicher Hadsch (die islamische Pilgerfahrt) reist er weiter in den heutigen Iran und Irak.

## Um 1326 bis 1328

Er kehrt nach Mekka zurück, wo er studiert.

## 1328

Ibn Battuta bereist die Ostküste Afrikas bis südlich von Mombasa (heute Kenia).

## 1330–1333

Ibn Battuta reist von Mekka nach Delhi. Er tritt dort in die Dienste des Sultans ein.

## 1342

Der Sultan schickt Ibn Battuta nach China. Auf dem Weg nach Calicut wird Ibn Battuta überfallen, außerdem büßt er bei einem Sturm die gesamten Güter des Sultans ein. Er beschließt, sich auf die Malediven einzuschiffen.

## Um 1343

Ibn Battuta verlässt die Malediven und reist nach Ceylon ein.

## Um 1344

Weiterfahrt über Sumatra nach China

## Um 1346

Beschluss, nach Hause zurückzukehren. 1349 erreicht er Tanger.

## 1349–1353

Letzte große Reisen: nach Andalusien, dann Durchquerung der Sahara bis nach Timbuktu mit einer Karawane

## 1354

Ibn Battuta kehrt nach Fes zurück.

## 1368 oder 1377

Ibn Battuta stirbt in Marokko.

# Die Suche nach den Gewürzen

Venedig, Oktober 1410: Die Händler warten schon gierig am Kai, sie riechen an den Säcken, reißen einen auf, atmen tief das Aroma des Zimtes, der Pfefferkörner, der Muskatnüsse ein. Der Geruch der Fremde, der Geruch des Geldes. Irgendwo im fernen Osten, auf der malaiischen Halbinsel oder auf Sumatra, wurden Pfeffer, Zimt und Muskat angebaut, geerntet, gewogen, verpackt, zum Markt getragen, verkauft und verladen. Auf ein kleines Boot, zum nächsten Hafen gebracht, erneut verpackt, verkauft und umgeladen. Auf größere Schiffe, die auf dem Weg durch die Meere des Ostens ein oder zwei Häfen anliefen und schließlich in Arabien oder Ägypten landeten. Dort packte man die Säcke auf Kamelrücken. In endloser Reihe zogen die Karawanen durch die Wüsten, schwer bewacht von Reitern, bis endlich die Häfen von Kairo oder Damaskus erreicht waren. Erneut ging es aufs Schiff. Quer durch das Mittelmeer nach Venedig, wo die Einkäufer aus den Ländern Europas warten: aus Spanien, Portugal, Frankreich, Deutschland oder England. Sie kaufen die lädierten Säcke, verladen sie erneut auf andere Schiffe oder Karren, bringen sie über die steilen Alpenpässe nach Nordeuropa oder per Boot nach Frankreich oder Spanien.

Durch mindestens ein Dutzend Hände ist jede Zimtstange und jeder Safranfaden gegangen, ehe sie endlich auf dem Markt liegen, aufmerksam bewacht von den Händlern. Apotheker wiegen Ingwer und Zimt auf ihren feinsten Waagen ab, natürlich bei geschlossenen Türen, schließlich soll kein kostbares Stäubchen durch einen Luftzug wegwehen. Denn Gewürze sind teuer – so teuer wie Gold. Jeder Zwischenhändler hat an ihnen verdient, in jedem Hafen mussten Gebühren bezahlt werden, überall auch Zoll. Das steigert die Kosten, ebenso wie die Piraten, die immer wieder Handelsschiffe aufbringen, oder die Beduinen, die die Karawanen in der Wüste überfallen. Zudem muss jeder Handel über Venedig gehen, da die Stadt das Monopol auf den Gewürzhandel im Mittelmeer hat.

Immer wieder versuchen Händler, die Sperren zu durchbrechen, die der Venezianer im Mittelmeer, die der Araber im Nahen Osten – um einen direkten Zugang zu den Märkten und Gewürzbauern in Fernost zu gewinnen. Doch jedes Mal scheitert der Versuch.

Im 15. Jahrhundert beginnen daher die Könige von Spanien und Portugal, erste Expeditionen auszustatten. Vor allem Portugal versucht, in Afrika Fuß zu fassen.

Im Jahre 1415 erobern die Portugiesen die marokkanische Stadt Ceuta, um am Handel durch die Sahara teilzuhaben. Doch die Araber verlegen daraufhin ihre Handelsrouten – Portugal, ganz am Westrand Europas gelegen, bleibt isoliert. Will das Land heraus aus der Abgeschiedenheit, will es sich am Handel beteiligen, bleibt nur der Weg auf das Meer – hinaus auf den unbekannten Atlantik. Der steht den Portugiesen weit offen. Prinz Heinrich, vierter Sohn des von 1385 bis 1433 regierenden Königs Johann I., rüstet deshalb Expeditionen per Schiff aus. Sie verfolgen mehrere

Ziele: einen Zugang nach Afrika und den Seeweg um den Kontinent herum nach Indien zu finden, um selbst am Gewürzhandel teilzuhaben. Auch Spanien sieht seine Zukunft auf dem Meer.

Neben dem Gewürzhandel suchen alle europäischen Herrscherhäuser eines: Edelmetalle – Gold und Silber, um Münzen prägen zu können. Die Minen in Europa sind nahezu erschöpft und ohne größere Geldvorräte ist eine Ausweitung des Handels nicht möglich.

Ein weiteres Motiv für die Entdeckungen und Eroberungen ist der Kreuzfahrergeist: der Wunsch, die sogenannten Heiden in der Ferne, oft auch gegen ihren Willen, zu bekehren. Geld und Gott gehen Hand in Hand – der Papst unterstützt die Eroberungen, die Priester segnen die Schiffe, die Entdecker missionieren auch und getaufte, christianisierte Herrscher verhalten sich oft friedlicher und sind bereit, mit den Eroberern zusammenzuarbeiten.

So segeln Portugiesen und Spanier los – auf ins Unbekannte: **Bartolemeu Diaz** umsegelt für Portugal das Kap der Guten Hoffnung an der Südspitze Afrikas. **Kolumbus** gelangt für Spanien nach Amerika und glaubt, Indien erreicht zu haben. Und mit dem Portugiesen **Vasco da Gama** gelangt erstmals ein Europäer um Afrika herum auf dem Seeweg nach Indien.

Nach Kolumbus' Entdeckung Amerikas versucht **Fernando Magellan**, der Portugiese in spanischen Diensten, Indien von Westen aus zu erreichen, und sucht und findet eine Passage um den neuen Kontinent herum.

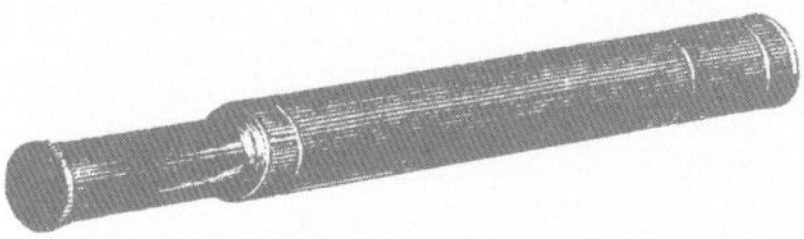

## Bartolomeu Diaz

(um 1450 bis 29.5.1500)

## Vasco da Gama

(um 1469 bis 24.12.1524)

## Pedro Álvares Cabral

(um 1467 bis um 1526)

# Ein Kapitän glaubt nicht an Märchen

1434 vor der afrikanischen Küste: Eine unheimliche Ruhe herrscht an Deck. Nur die Segel kränken im Wind. Die Matrosen sind stumm. Sie schauen immer wieder auf die Landzunge mit den riesigen Dünen. Gigantische Sandberge türmen sich auf, dahinter erstreckt sich die Wüste. Im Wasser seltsame Strudel, fern der Küste türmen sich die Wellen. Einige der Seeleute beginnen, leise zu murren.

„Kap Bojador“, sagt einer. „Hier geht es nicht mehr weiter, dahinter ist das Meer zu Ende. Da ist nur noch Salz.“ Er schaut sein Gegenüber unsicher an.

Der schüttelt den Kopf: „Nein, zu Ende ist das Meer nie. Aber weiter südlich soll das Wasser kochen. Und die Hitze verbrennt die Haut, bis sie schwarz wird.“

Kapitän Gil Eanes blickt von der Kommandobrücke über das Schiff. Er sieht die Seeleute, sieht sie tuscheln und immer wieder ängstlich zum Land und zu ihm schielen. Er weiß, warum. Hier sind bisher alle anderen Schiffe umgekehrt, die meisten aus Angst, er selbst im Jahr zuvor aber nur, weil er nicht gegen den Wind kreuzen konnte. Jetzt will er es wissen.

„He, Männer!“ Er ruft seine Besatzung zusammen und schaut in unsichere Gesichter.

„Ich weiß, was man sich erzählt. Aber ich glaube es nicht. All dieses Gerede darüber, dass es hier nicht weitergeht – alles Märchen. Wir werden als Erste Kap Bojador umsegeln. Es wird uns gelingen.“

Der Steuermann traut sich zu widersprechen. „Aber Prinz Heinrich, der Sohn unseres verehrten Königs Johann, schickt seit mehr als zehn Jahren Schiffe hierhin. Keiner hat sich bisher getraut, das Kap zu umfahren. Und einige …“, er stockt, „einige sind nie wieder nach Portugal zurückgekehrt.“

Ein paar Matrosen murren wieder. Die anderen schweigen. Prinz Heinrich, ja, der Prinz in Portugal, der hat gut reden. Er weiß alles über die Seefahrt – die Seefahrt am Schreibtisch. Er hat nie die Wellen tosen hören, nie ins unendliche Meer geschaut. Nie erlebt, wie das ist, wenn man sich mit seinem Schiff an den Rand der bekannten Welt vortastet, in ständiger Furcht, verschlungen zu werden.

„Ich weiß, was man sich erzählt", brüllt Gil Eanes los. Seine rechte Hand schlägt die Luft. „Schluss jetzt." Er schreit: „Ich weiß. Jenseits des Kaps soll das Meer nicht mehr schiffbar sein. Das Wasser so heiß, dass man sich daran verbrennt. Es verdampft und die Schiffe bleiben in einem salzigen Brei stecken. Ja, und die Haut soll verbrennen, bis sie schwarz ist. Das ist es doch, was ihr euch in den Spelunken am Hafen erzählt."

Keine Antwort. Die Matrosen schweigen.

„Schlagt euch den Mummenschanz aus dem Kopf. Und schlagt euch aus dem Kopf, dass wir nicht mehr weitersegeln."

Keiner widerspricht. Die Angst vor dem Kapitän ist genauso groß wie die vor dem Meer. Gil Eanes wendet sich dem Steuermann zu.

„Kurs West, weit aufs offene Meer hinaus. Dann nach Süden. Wir werden Kap Bojador umsegeln."

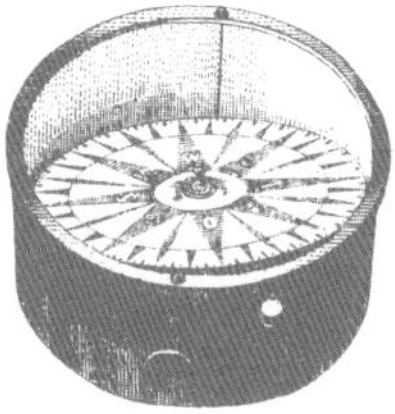

Kompass

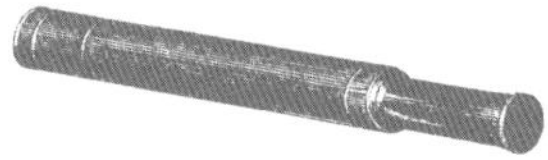

Fernrohr

Sextant

# Der Seeweg nach Indien

Auch wenn Prinz Heinrich nie knarrende Schiffsdielen unter seinen Füßen spürte und die Seeleute ihn wahrscheinlich insgeheim als Landratte verspotten, hat er bis zu seinem Tod 1460 großen Anteil an den Entdeckungsfahrten der Portugiesen. Denn er sammelt in Sagres, an der Südspitze Portugals und der Südwestspitze Europas, Wissenschaftler um sich, Kartografen und Bootsbauer. Hier spricht man über Nautik, Navigation, Geografie und Astronomie, liest Entdeckerberichte, Kartenskizzen und Beschreibungen von Ankerplätzen, zeichnet Seekarten, lehrt den Umgang mit dem Quadranten, dem Astrolabium und andern nautischen Instrumenten, die zur Bestimmung der Reiserouten notwendig sind.

Und hier entwickelt man auch einen neuen Schiffstypus, die Karavelle. Die Karavelle, die im 15. Jahrhundert entwickelt wurde, war den bis dahin genutzten Booten der Entdecker weit überlegen. Der Grund: Kommt der Wind von vorn, kann man mit einem Segelboot sein Ziel nur durch ständiges Kreuzen erreichen. Man fährt nach Backbord, dann zurück nach Steuerbord, dann wieder Backbord und versucht so, langsam im Zickzackkurs vorwärtszukommen. Die Karavelle segelt nun „härter am Wind“, d. h, die Bögen, die man fahren muss, sind kleiner, die Winkel spitzer. So ist weniger Kreuzen notwendig, die Gesamtstrecke wird wesentlich kürzer und man gelangt schneller vorwärts. Die typische Karavelle dieser Zeit war etwa 20 bis 25 Meter lang und wurde von etwa 20 Mann Besatzung gesegelt. Mit ihr stoßen portugiesische Seefahrer Jahr für Jahr weiter nach Süden vor: **Gil Eanes**, von dem man weder weiß, wann er geboren wurde noch wann er wo starb, entzauberte den Mythos von Kap Bojador, vom kochenden Meer und der alles verbrennenden Sonne. „Er öffnete das alte Meer dem modernen Menschen“ lautet die Inschrift auf seinem Denkmal in seiner vermuteten Geburtsstadt Lagos im Süden Portugals.

Prinz Heinrich befiehlt zunächst Geheimhaltung. Keiner – vor allem nicht die konkurrierenden Spanier – soll wissen, dass die Portugiesen das gefürchtete Kap umsegelt haben. Er sendet weitere Expeditionen aus.

Überall betreten die Portugiesen unbekanntes Land, sie stellen hölzerne Kreuze und Steinpfeiler auf, um das Land in Besitz zu nehmen. Den Entdeckern folgen die Händler.

Ein Händler war Alvis Ca da Mosto, der erstmals den Senegalfluss und auch den Gambiafluss befährt. Später berichtet er, was er dort aß:

*„Ich schnitt mir also ein Stück Fleisch aus dem Tierkörper heraus, das ich dann, geröstet und gebraten, auf meinem Schiff aß. Nunmehr konnte ich mit Recht behaupten, dass ich das Fleisch eines Tieres gegessen hatte, das vor mir noch keiner meiner Landsleute gekostet hatte. Freilich schmeckte das Elefantenfleisch nicht sehr gut, es war zäh und zudem noch fad.“*

Geschäfte macht man nicht mit Elefantenfleisch, sondern mit Sklaven, Gold, Pfeffer und Elfenbein. Also wird die Entdeckung des Seewegs nach Indien zum erklärten Ziel. Nur wenige Berichte sind von den Reisen erhalten, da die Logbücher und Karten in der Akademie in Sagres wie Staatsgeheimnisse verwahrt wurden. Niemand soll wissen, wie die afrikanische Küste aussieht.

Der Durchbruch auf der Suche nach dem Seeweg nach Indien gelingt dem Portugiesen **Bartolomeu Diaz.** Er segelt 1487 mit zwei Karavellen und einem Versorgungsschiff los. Vor Namibia gerät er in einen Sturm. Der treibt ihn weit ab, zunächst nach Süden, dann nach Nordosten, und als Diaz wieder an Land gelangt, befindet er sich an der Ostküste Afrikas. Er will weiter, doch die Mannschaft meutert – sie hat Angst vor der weiteren Fahrt ins Ungewisse.

Auf dem Rückweg sieht Diaz als erster Europäer das Gebirge an der Südspitze Afrikas. Er tauft es „Kap der Stürme" – König Johann II.

von Portugal nennt es dann Kap der Guten Hoffnung, weil er nun sicher ist, dass der lang ersehnte Seeweg nach Indien bald gefunden wird.

Doch der König täuscht sich. Es gibt nicht viele verwegene Seeleute, die sich trauen, das unbekannte Meer zu befahren. Zehn Jahre dauert es noch, bis **Vasco da Gama**, ein Adliger und Vertrauter des dann herrschenden portugiesischen Königs Manuel II., am 8. Juli 1497 lossegelt. Er ist damals etwa 28 Jahre alt, ohne große Erfahrung als Kapitän und seine Reise steht von Anfang an unter keinem guten Stern. Vasco da Gama nimmt einen anderen Kurs als alle anderen Entdecker vor ihm: Von den Kapverdischen Inseln aus lässt er auf die offene See hinaussteuern, statt weiterhin der Küste zu folgen. Er segelt nach Süden, wo er auf die Westwinde trifft, die ihn dann zum Kap der Guten Hoffnung bringen sollen.

*„Nach vier Woche näherten sie sich der Südspitze Afrikas", heißt es in einer Chronik. „Schwere Unwetter und die hoch aufsprühende eisige Gischt behinderten die Schiffe, füllten sie mit Wasser, und während sie sich mühsam einen Weg zum Ende der Welt bahnten, machte sich innerhalb der Besatzung allmählich Unmut breit.*
*Die Nächte wurden länger. Das Kap der Guten Hoffnung wurde am 22. November, nach viereinhalb Monaten auf dem Meer, umschifft. Völlig ermattet segelten sie gegen die Strömung nach Nordwesten, im ermüdenden Wechsel von Windstille und Sturmböen."*

Endlich erreicht die Flotte am 1. März 1498 Mosambik:

*„Die Einwohner dieses Landes sind von brauner Hautfarbe, gehören zur Sekte des Mohammed und sprechen maurisch. Alle tragen Turbane mit einem von Goldfäden durchzogenen Seidenbesatz auf dem Kopf und sind Kaufleute und treiben Handel mit Arabern."*

Die Portugiesen staunen. Hier sind nicht sie die Reichen, die von den Eingeborenen begehrlich angestarrt werden, sondern arme Fremde! Der Sultan besucht sie auf ihren Schiffen, betrachtet verächtlich die Geschenke – Kleidung und Korallen – und fragt sie dann, ob sie nicht bessere Waren besäßen. Er verrät ihnen aber auch, dass weiter nördlich an der Küste große Häfen lägen, in denen Gewürze, Perlen und Rubine gehandelt würden.

Über die heute kenianischen Hafenstädte Mombasa, wo man versucht, ihr Flaggschiff zu kapern, erreichen sie schließlich am 18. Mai 1498 das indische Festland. Vasco da Gamas Flotte legt am 20. Mai 1498 in Calicut (heute Kozhikode im südindischen Bundesstaat Kerala) an, einem Ort, der ihnen aus Berichten von Kaufleuten bereits ein Begriff ist. Denn hier kaufen die Araber und Perser ihre Gewürze von indischen, chinesischen und malaiischen Händlern, um sie dann mit hohem Gewinn in Europa weiterzuverkaufen.

Auch hier werden die Portugiesen nicht mit offenen Armen empfangen – schließlich will man in Calicut keine Konkurrenten im Gewürzhandel. Vasco da Gamas Truppe fühlt sich unwohl in Calicut. Denn es passiert dasselbe wie in Mombasa: Die Einheimischen sind reich, sie sind selbstbewusste Händler. Sie wissen genau, was sie zu verkaufen haben und dass ihre Gewürze und Edelsteine in Europa gesucht sind. Der Matrose Álvaro Velho berichtet, wie zwei indische Mauren auf einen Portugiesen treffen. Sie sprechen ihn direkt an:

**„Hol Euch der Teufel! Was hat Euch hierher geführt?"**

Zur Audienz beim Herrscher von Calicut, dem Samuttiri (übersetzt: Herr der Meere), den die Portugiesen Samorin nennen, lässt Vasco da Gama Geschenke in den Palast bringen. Es sind Baumwolltücher, Hüte, Korallenzweige, Metallbecken, eine Kiste Zucker, Olivenöl und Honig. Der Haushofmeister will da Gama damit nicht vorlassen. Er lacht nur über die Gaben. Wenn Vasco da Gama dem König ein Geschenk machen wolle, so sollte er ihm Gold schicken!

Schließlich bekommen die Portugiesen doch ein wenig Pfeffer und Zimt eingetauscht, dazu noch ein Schreiben des Samuttiri an den König Manuel II., in dem es heißt:

*„Mein Königreich ist überreich an Zimt, Gewürznelken, Ingwer, Pfeffer und Edelsteinen. Aus eurem Land heische ich dafür Gold, Silber, Korallen."*

Am 29. August 1498 sticht Vasco da Gamas Flotte wieder in See. Länger als ein Jahr sind sie nun schon unterwegs; es wird Zeit für die Heimkehr. Die Fahrt über den Indischen Ozean dauert lange, drei Monate kreuzen sie hin und her, verirren sich in Stürmen, liegen still, wenn kein Lüftchen weht. Ihnen geht der Proviant aus. Die ganze Mannschaft wird krank. Álvaro Velho schreibt:

*„Das Zahnfleisch wucherte ihnen so über die Zähne, dass sie nicht mehr essen konnten; außerdem schwollen ihnen die Beine an und sie bekamen auch sonst am ganzen Körper große Geschwüre."*

Skorbut heißt die Krankheit, die durch einen Mangel an Vitamin C auftritt.

Schließlich kehrt Vasco da Gama im September 1499 nach Lissabon zurück. Und ermutigt durch seinen Erfolg – die mitgebrachten Gewürze bringen viel Geld ein – schickt König Manuel II. eine weitere Expedition los.

Im März 1500 segelt eine Flotte unter **Pedro Álvares Cabral** los. Cabrals Schiffsverband legt ein atemberaubendes Tempo vor, obwohl er zunächst viel zu weit nach Südwesten segelt und dort auf neues Land stößt. Es ist Brasilien. Kurzerhand nimmt er es für Portugal in Besitz und überquert erneut den Atlantik. Cabral umschifft das Kap der Guten Hoffnung, entdeckt Madagaskar und errichtet direkt nach seiner Ankunft in Calicut einen Handelsposten. Als die muslimischen Händler ihn von dort vertreiben wollen, greift Cabral mit seinen Bordkanonen die Stadt an. Damit liefert Cabral das Modell für das weitere Vorgehen der Portugiesen im Osten: Mit Waffengewalt sichern sie sich die Vorherrschaft über die Wasserwege im Pazifik. Sie gründen befestigte Stützpunkte in den strategisch wichtigen Städten Aden, Hormus, Goa und Malakka.

# Zeittafel

### 1434
Gil Eanes umsegelt Kap Bojador.

### Um 1450
Bartolomeu Diaz wird in der Algarve geboren.

### Um 1467
Pedro Álvares Cabral wird wahrscheinlich in Belmonte geboren.

### Um 1469
Vasco da Gama wird in Sines geboren.

### 1481
Bartolomeu Diaz nimmt an einer Expedition von Diego de Azambuja zur Küste von Guinea teil.

### 1486
König Johann II. von Portugal beauftragt Bartolomeu Diaz, die Südspitze Afrikas zu finden, sie zu umsegeln und wenn möglich bis Indien vorzustoßen.

### 1487
Diaz startet seine Entdeckungsfahrt. Im Bogen umsegelt er die Südspitze Südafrikas und gelangt am 12. März 1488 in die Algoa Bai (Port Elizabeth, Südafrika).

## 1497

Vasco da Gama startet am 8. Juli seine Entdeckungsfahrt nach Indien. Am 22. November umsegelt er das Kap der Guten Hoffnung und am 18. Mai 1498 erreicht er das indische Festland.

## 1498

Vasco da Gamas Flotte startet am 29. August ihre Rückreise von Calicut nach Portugal.

## 1500

Unter der Führung von Pedro Álvares Cabral segelt im März eine Flotte, darunter auch ein Schiff mit Bartolomeu Diaz an Bord, Richtung Indien. Im Atlantik wird sie nach Westen abgetrieben, Cabral erreicht Brasilien und nimmt es für Portugal in Besitz. Südlich des Kaps der Guten Hoffnung geht am 29. Mai das Schiff von Bartolomeu Diaz im Sturm unter – die gesamte Besatzung, auch Diaz, stirbt den Seemannstod.

## 1502

Vasco da Gama reist ein weiteres Mal nach Indien und begründet dort portugiesische Handelsstützpunkte.

## 1524

Vasco da Gama wird von König Johann III. zum Vizekönig von Indien ernannt und verlässt Portugal.

## 1524

Vasco da Gama stirbt am 24. Dezember in Cochin, Indien.

## Um 1526

Pedro Álvares Cabral stirbt in Santarém.

# Christoph Kolumbus

(1451–20.5.1506)

## Es ist zu still an Bord der Santa Maria

11. Oktober 1492: Es ist schon spät am Abend, kaum Licht fällt in die Kajüte, nur eine flackernde Kerze wirft ihren Schein auf den schmalen Tisch, an dem ein Mann sitzt und schreibt. Vor sich zwei Bücher, das Logbuch, das er nun beiseiteschiebt, und ein anderes, in dunkelrotes Leder eingebunden. Er schlägt die Kladde auf, taucht seine Feder ins Tintenfass und schreibt. Nur langsam fließen die Worte auf das Papier: „10. Oktober. Ich blieb weiterhin auf west-süd-westlichem Kurs. Wir fuhren mit einer Stundengeschwindigkeit von zehn Seemeilen. In Tages- und Nachtfahrt legten wir 236 Seemeilen zurück, allein ich verrechnete nur 176 Seemeilen."

*Die Unterschrift des Kolumbus*

Er stockt. Es klopft an der Kajütentür. Rasch löscht er mit Sand die Tinte ab und schlägt das Buch zu. Niemand darf lesen, was er hier schreibt. Niemand darf wissen, dass er schon seit Wochen falsche Angaben im Logbuch macht und nur in sein privates Tagebuch die richtigen Entfernungen einträgt. Elendige Tricks. Jeden Tag trägt er weniger ein, als sie wirklich segeln. Schaffen sie 236 Seemeilen, so schreibt er 176 ins Logbuch, sind es 134, sagt er 68. Zu lange sind sie schon unterwegs, schon murren die Matrosen. Ist sein Plan doch falsch? Die Erde größer, als er dachte?

„Herein!"

Langsam öffnet sich die Tür. Der Steuermann tritt ein. Was will der?

„Kapitän Kolumbus?"

„Was ist?"

„Die Seeleute. Sie wollen nicht mehr. Sie müssen unbedingt mit ihnen reden, auch mit Martín Alonso Pinzón, dem Kommandanten der ‚Pinta'. Ich fürchte, da braut sich eine Meuterei zusammen."

Kolumbus schüttelt unwillig den Kopf: „Sag ihnen, dass ich sicher bin, dass wir bald Indien erreichen. Sag ihnen, dort warten riesige Reichtümer auf sie. Sag ihnen, ich kehre auf keinen Fall um."

Seine Stimme wird immer lauter. „Und sag Martín Alonso, dass er zwar die ‚Pinta' kommandiert, ich aber der vom König eingesetzte Kapitän der Flotte bin."

Er schreit nun fast und beinahe hätten sie das neue, zaghafte Klopfen an der Tür überhört.

„Wer ist da?"

Ein Matrose, was wagt der sich hier hinein? Und was hat er in der Hand? Ein Rohr, einen Stock, spitz wie mit einem Messer bearbeitet.

„Das wurde eben aus dem Meer gefischt. Und noch ein Brett. Sieht aus, als wäre irgendwo Land in der Nähe."

„Das sag ich doch. Bald werden wir in Indien sein. Geht nach oben. Der Erste, der Land sieht, bekommt eine seidene Jacke als Geschenk. Dazu ein lebenslanges jährliches Gehalt von 10.000 Maravedis."

Eine Stunde später. Es ist still auf dem Schiff, als Kolumbus das Oberdeck betritt. Zu still für seinen Geschmack. Zwar haben die Seeleute jetzt wieder ein bisschen Mut, aber wie lange der wohl reichen wird?

Seit fünf Wochen sind sie auf dieser Wasserwüste unterwegs. Im September hatten sie die Insel Gomera verlassen und eigentlich sollten sie längst in Indien sein. Zwei, höchstens drei Wochen nach Westen segeln, hatte er gedacht und es so auch der Mannschaft berichtet. Zwei, drei Wochen, dann sei das Land der Gewürze, der Seiden und des Reichtums erreicht.

Er schaut sich um. Die Nacht ist klar, das Mondlicht tanzt auf dem Wasser. Das da, dahinten. Ist das ein Licht? Eine Kerze, Feuer?

Er reibt sich die Augen. Versucht, genauer hinzusehen. Ist sicher, ist nicht sicher. Die Wache.

„He, Matrose, hast du das auch gesehen?"

„Ich, nein, ich habe nichts gesehen."

„Da war doch was, ein Licht."

Der Matrose zuckt nur die Achseln. Kolumbus schüttelt den Kopf. Sieht er Irrlichter? Bildet er sich was ein? Er steigt wieder hinab in den Bauch des Schiffes. Schlafen wäre schön.

Vier Stunden später schreckt er auf. Es ist mitten in der Nacht. Gepolter an der Tür. Geschrei. Ist das die Meuterei? Er rafft seine Kleidung zusammen. Halt, der Degen. Im Gehen knöpft er sich die Jacke zu. Rasch an Deck.

Oben sieht er jubelnde, tanzende Matrosen. Er fasst seinen Degen fester. Er sieht die Männer lachen. Einer zeigt hinüber zum Schwesterschiff „Pinta". Was ist da los? Ein Signal. Nicht zu erkennen. Die „Pinta" müsste mehr nach Backbord schwenken. Langsam legt sie sich in den Wind. Nun erkennt er es – das Signal zeigt an:

**„LAND IN SICHT!"**

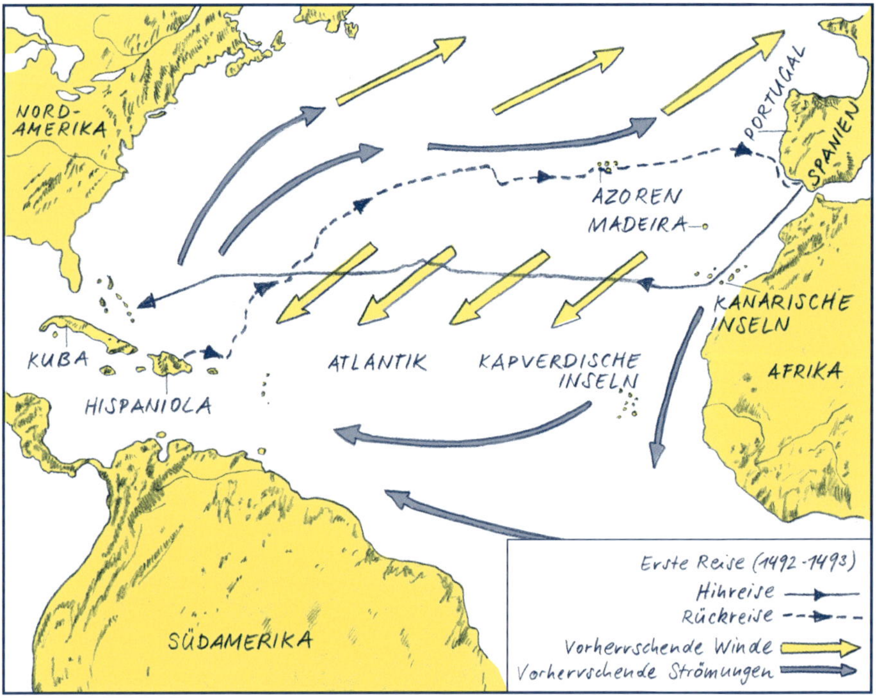


## Eine Abkürzung nach Indien?

Wann und wo Christoph Kolumbus geboren wurde, ist nicht genau bekannt. Vermutlich im Jahr 1451 in der italienischen Stadt Genua. Er studiert – vielleicht, auch das ist nicht sicher – in Pavia und beginnt danach in Portugal eine Karriere als Seefahrer. 1480 zieht er auf die Insel Porto Santo bei Madeira, wo sein Sohn Diego geboren wird und er wahrscheinlich die Seekarten seines Schwiegervaters studiert. Viele „vielleicht", denn über die frühen Jahre von Kolumbus ist wenig bekannt. Er spricht auf Madeira mit Seeleuten und Fischern, er liest Reiseberichte und Logbücher und erfährt von fremden roten Holzstücken, die ein Kapitän weit westlich im Wasser treibend gefunden hatte, von unbekannten Pflanzen und

Hölzern, die auf die Inseln Madeiras angespült wurden, auch von zwei Leichen, die angeblich an der Westküste einer Azoreninsel angetrieben wurden und nicht wie Europäer aussahen.

Kolumbus ist wie elektrisiert, vor allem, als er bei Aristoteles (um 384 v. Chr. bis 322 v. Chr.) liest, dass man den Ozean zwischen Gibraltar und Asien innerhalb weniger Tage durchsegeln könne. Er schreibt Briefe an Paolo dal Pozzo Toscanelli (1397–1482), einen Mathematiker in Florenz, der alte Reiseberichte studiert und eine Karte gezeichnet hatte. Toscanelli antwortet, dass der Weg nach Westen, also um die Erde herum nach Asien, kürzer sei als der um Afrika: Von Portugal bis zur Ostküste Indiens seien es 8125 Meilen, bis zur Ostküste des asiatischen Kontinents, also bis nach Cipangu (Japan) sogar nur die Hälfte, also so weit wie von Portugal nach Südwestafrika.

Kolumbus sucht und findet noch mehr Argumente: Petrus von Ailly, der Kanzler der Pariser Universität, schreibt, dass zwischen den Kanarischen Inseln und Cipangu nur 58 Längengrade lägen – was laut Kolumbus' Rechnung in etwa 2700 Seemeilen (ca. 4500 km) sind.

Und zuletzt die Bibel: Im Buch Esra des Alten Testaments heißt es, dass die Welt zu sechs Teilen aus Land und zu einem Teil aus Wasser besteht. Für ihn ist der Fall somit klar: Asien kann nicht weit sein, die Erde ist nicht groß, das Meer klein. Der Weg nach Asien, zu Gewürzen und Seiden, führt nicht um Afrika herum, sondern nach Westen!

Dass er sich irrte und wobei er sich irrte, ist uns heute bewusst: Kolumbus überschätzte die Größe Europas und Asiens und unterschätzte deshalb die wirkliche Entfernung zwischen der Westküste Portugals bis zur Ostküste Japans! Für ihn war die Erde eine deutlich kleinere Kugel, als sie das in Wirklichkeit ist. Die Entfernung von Portugal nach Indien beträgt – folgt man der Route übers Meer nach Westen – fast 20.000 Kilometer.

## Die Reise nach Westen

Kolumbus jedoch plant die Reise nach Westen, aber er benötigt dafür die Unterstützung von Geldgebern, besser noch die eines Staates oder Königs. Er erklärt dem portugiesischen König Johann II. 1484 seinen Plan. Doch der lehnt ab. Portugal setzt zum einen darauf, dass bald ein Weg um Afrika gefunden wird, zum anderen rechnen die Berater von Johann II. anders (und besser) als Kolumbus: Sie halten die Entfernung, von der Kolumbus spricht, für unrealistisch. Doch egal wie unterschiedlich sie die Wegstrecke einschätzten, in einem sind sich alle einig: Keiner kann sich vorstellen, dass zwischen Europa und Asien noch ein bis dato unbekannter Kontinent liegt.

So wendet sich Kolumbus nach Spanien. Er kommt am dortigen Hof gut an, findet einige Unterstützung für seinen Plan, doch zunächst nicht die des Königshauses. Er probiert es wieder in Portugal, erlebt dort, wie Bartolomeu Diaz von seiner Umsegelung der Südspitze Afrikas zurückkehrt, wird erneut abgelehnt und sein Bruder versucht sogar (ebenfalls erfolglos), in England und Frankreich Befürworter aufzutreiben.

Man muss Kolumbus' Hartnäckigkeit bewundern. Zehn Jahre verfolgt er seinen Plan. Er stößt überall auf Ablehnung, versucht es immer wieder und schließlich hat er Glück: Noch einmal fragt er in Spanien an; erst kommt die übliche Absage, dann wird verhandelt. Kolumbus hat hohe Forderungen: Er will für sich den Admiralstitel sowie den des Vizekönigs über die von ihm neu entdeckten Gebiete. Außerdem will er ein Zehntel der Einnahmen durch wertvolle Metalle, die entdeckt werden. Nach langem Zögern stimmt das Königshaus zu.

Kolumbus sucht sich seine Mannschaft zusammen. Drei Schiffe gilt es zu bestücken: Auf der „Santa Maria" ist er der Kapitän, das Kommando über die „Niña" und die „Pinta" übernehmen die Brüder Martín Alonso und Vicente Yañez Pinzón. Am 3. August 1492 sticht die Flotte in See, nach einem Aufenthalt auf Gomera erreicht man schließlich am 12. Oktober 1492 eine Insel der Bahamas – ob es die heutige Insel San Salvador ist, ist nicht sicher. Im Namen von König Ferdinand II. von Aragon und Königin Isabella von Kastilien nimmt er das Land für Spanien in Besitz. Die Einheimischen kümmert die feierliche Zeremonie nicht weiter. Sie wissen nichts von Spanien, sie gehen – wie Kolumbus erstaunt vermerkt –

*„... nackend umher, wie Gott sie erschaffen, Männer wie Frauen, haben im Allgemeinen einen schönen Wuchs und anmutige Bewegungen, einige bemalen sich mit grauer Farbe, andere wiederum mit roter, weißer oder einer anderen Farbe", und: „sie führen keine Waffen mit sich".*

Kolumbus' Flotte durchsegelt die karibische Inselwelt. Alle Begegnungen mit Einheimischen verlaufen friedlich.

*„Sie erreichten schwimmend unsere Schiffe und brachten uns Papageien, Knäuel von Baumwollfäden, lange Wurfspieße und viele andere Dinge noch, die sie mit dem eintauschten, was wir ihnen gaben, wie Glasperlen und Glöckchen."*

Darüber hinaus ist der Entdecker von der Natur begeistert. Auf Kuba notiert Kolumbus:

*„Ich habe keinen schöneren Ort je gesehen. Die beiderseitigen Flussufer waren von blühenden, grün umrankten Bäumen eingesäumt, die ganz anders aussahen als die heimatlichen Bäume. Sie waren von Blumen und Früchten der verschiedensten Art behangen, zwischen denen zahllose, gar kleine Vöglein ihr süßes Gezwitscher vernehmen ließen. Diese Insel ist wohl die schönste, die Menschenaugen je gesehen, reich an ausgezeichneten Ankerplätzen und tiefen Flüssen."*

Im Januar 1493 macht sich Kolumbus wieder auf die Heimfahrt. Mit nur noch zwei Schiffen, denn die „Santa Maria" war gekentert und aus ihren Resten hatte man ein erstes Fort errichtet. Am 15. März trifft er in Spanien ein. Er wird gefeiert – und niemand weiß, dass er Inseln vor einem neuen Kontinent, nicht Inseln vor Asien entdeckt hat. Er selbst wird bis fast an sein Lebensende davon überzeugt sein, dass er nach Japan gesegelt sei.

Kolumbus unternimmt noch drei weitere Reisen nach Amerika. Erst auf seiner letzten betritt er zum ersten Mal das Festland. 1504 kehrt er nach Spanien zurück. Zwei Jahr später, am 20. Mai 1506, stirbt er in Valladolid.

# Kolumbus – der Entdecker Amerikas?

Als gesichert gilt, dass Leif Eriksson als erster Europäer nach Amerika kam, doch werden zahlreiche weitere Expeditionen vermutet: So 1473 eine dänisch-portugiesische unter João Vaz Corte-Real, die angeblich ebenfalls Neufundland erreichte, sowie zahlreiche, die nicht belegt sind.

Einige Möglichkeiten früherer Expeditionen: Thor Heyerdahl wies nach, dass der Atlantik auch auf einem Schilfboot überquert werden könne, angeblich hätten auf solchen Booten bereits die Phönizier das Meer überquert. Auch soll der buddhistische Missionar Hui Shen von China aus 499 nach Amerika gelangt sein, genau wie der König Abubakari II. von Mali im 14. Jahrhundert. Einige Wissenschaftler glauben auch, dass bereits im Jahr 1421 eine chinesische Flotte unter Zheng He um Afrika herum und dann nach Amerika gesegelt sei.

Doch im Unterschied zu den Reisen seiner – möglichen und gesicherten – Vorläufer hatte Kolumbus' Expedition Folgen: Mit ihr begann die europäische Expansion – die Eroberung und Ansiedlung – in Amerika.

# Zeittafel

## 1451
Christoph Kolumbus wird vermutlich in Genua geboren.

## 1477
Kolumbus lebt in Lissabon. Er unternimmt von dort Forschungsreisen in den Nordatlantik.

## 1480
Umzug auf die Insel Porto Santo/Madeira

## 1482
Fahrt entlang der westafrikanischen Küste

## 1484
Gespräch mit dem portugiesischen König Johann II. Kolumbus erklärt seinen Plan, nach Westen segelnd Indien zu erreichen.

## 1485
Kolumbus siedelt nach Spanien um.

## 1486
Erstes Gespräch mit dem spanischen Königspaar

## 1492

Kolumbus' Flotte aus drei Schiffen sticht am 3. August in See.

## 1492

Kolumbus landet am 12. Oktober auf den heutigen Westindischen Inseln, vermutlich auf San Salvador. Er erkundet die karibische Inselwelt, darunter Fernandina, Kuba und Haiti. Im März 1493 kehrt er wieder nach Spanien zurück.

## 1493

Zweite Kolumbus-Reise in die Karibik. Erkundung der Kleinen Antillen, von Jamaika und Puerto Rico, Gründung einer Kolonie auf Haiti. Rückkehr nach Spanien im Jahr 1496

## 1498

Dritte Kolumbus-Reise. Er ist Vizekönig der neuen Kolonien, wird aber 1500 abgesetzt und nach Spanien zurückgeschickt.

## 1502

Beginn der vierten und letzten Reise des Kolumbus. Er betritt erstmals das Festland Amerikas, das er immer noch für Ostasien hält. 1504 erfolgt die Rückkehr nach Spanien.

## 1506

Christoph Kolumbus stirbt am 20. Mai in Valladolid.

# Ferdinand Magellan
## (1480–27.4.1521)

## Portugal und Spanien teilen sich die Welt

7. Juni 1494. Tordesillas, Spanien. Im großen Saal des Klosters Santa Clara schmücken drei Wappen die Wände: Eins ist silberrot mit fünf Rosetten und sieben goldenen Schlössern – das des portugiesischen Königs Johann II. Das zweite zeigt Schlösser, gekrönte Löwen und Adler – das der katholischen Könige Spaniens, Isabella I. und König Ferdinand II. Auf dem dritten, in der Mitte des Raumes, ist ein Rind auf goldenem Grund und zwei gekreuzte Schlüssel zu sehen – das ist das Wappen von Papst Alexander VI. Auf ihn kommt es an, er soll den alten Streit zwischen dem portugiesischen und dem spanischen Königshaus schlichten.

Gespannte Stille, nur ein paar Edelleute an den langen Tafeln flüstern. Einer räuspert sich verstohlen, ein anderer muss niesen. Die Tür am Kopfende des Saales öffnet sich. Die Kerzen flackern im Luftzug. Stille. Hinein schreitet der Prior des Klosters, eine Rolle unter dem Arm.

Langsam, ganz langsam geht er auf seinen etwas erhöhten Platz am Kopfende der Tafel zu. Er schaut nach links – die portugiesischen Edelleute an der östlichen Seite des Tisches an, er schaut nach rechts zu den Spaniern. Er wischt mit seiner Hand über den Tisch und legt die Rolle ab. Er hebt beide Hände.

Der Prior schaut über den langen Tisch ins Unendliche: „Gottes Segen sei mit Euch."

Er nickt in die Runde.

„Dank der Gnade Gottes und der Weisheit seines Stellvertreters auf Erden, unseres Heiligen Vaters Alexander VI., sind wir heute zusammengekommen, um endlich eine wichtige Streitfrage zwischen den katholischen Reichen Portugal" – er nickt huldvoll nach links – „und Spanien" – ebenso huldvolles Nicken nach rechts – „zu beenden. Dank sei der Gnade Gottes."

„Dank sei der Gnade Gottes", kommt es als Echo aus der Versammlung zurück.

„Wir sind hier zusammengekommen, um Frieden zu schließen und Frieden zu bewahren. Um sicherzustellen, dass sowohl Portugal", und wieder erfolgt das Nicken nach links, „als auch Spanien" – Nicken nach rechts – „weiter die Welt erkunden und neue Gebiete für die Christenheit erschließen werden."

Der portugiesische Verhandlungsführer Ruy de Sousa lächelt seinen spanischen Gegenüber und Kontrahenten Enrique Enríquez de Guzmán an. Der lächelt genauso zurück. Viele Zähne, schmale Lippen. Denn beide wissen, worum es auch geht: Dass Portugal den Seeweg nach Indien entlang der afrikanischen Küste kontrollieren möchte, um so weiterhin Gewürze aus dem Fernen Osten nach Europa zu bringen. Die Spanier hingegen, für die Christoph Kolumbus erst vor zwei Jahren nach Westen gesegelt und dabei auf Land gestoßen war, wollen sich wiederum die Rechte über diese neu entdeckten Länder – nämlich Amerika – sichern. Und es kommt die Frage dazu: Wem gehören Länder, die noch entdeckt werden?

Ruy de Sousa versinkt in Gedanken, während er den Prior murmeln hört – von des Papstes Weisheit und Gottes Gnade und wieder des Papstes Weisheit. Er denkt an die langen Verhandlungen, die dem heutigen Treffen vorangingen. Daran, dass es gut ist, einen Vertrag zu schließen, damit die Einflussgebiete der beiden Mächte getrennt sind. Die Welt muss zwischen den katholischen Herrschern von Portugal und Spanien aufgeteilt werden. Er denkt an die Delegationen, mit denen er in den letzten Jahren ständig unterwegs war: Von Lissabon zum spanischen Hof nach Valladolid, von dort in den Papstpalast nach Rom und wieder zurück. Im Mai 1493 hatte der Papst dann die Grenzen festgelegt, doch de Sousa hatte energisch widersprochen. Zu groß war der spanische Teil gewesen. Das konnte er nicht hinnehmen.

Und er hatte sich durchgesetzt, gegen diesen Spanier, der sich doch schon so sicher gewesen war. Er lächelt sein Gegenüber Enrique Enríquez de Guzmán erneut zähnezeigend an. So sieht man sich wieder. Beim Unterschreiben.

Ruy de Sousa schreckt aus seinen Gedanken auf. Sein Sohn hat ihn angestoßen. Auch Juan de Sousa gehörte mit zur portugiesischen Verhandlungstruppe, genau wie Arias de Almadana. Der Prior bittet sie zu sich, ebenso die drei Spanier, die den Vertrag unterschreiben sollen: Enrique Enríquez de Guzmán, Gutierre de Cárdenas und Francisco Maldonado.

Nun stehen die sechs vorn beim Prior, jeder auf seiner Seite des Tisches. Sie schauen sich nicht an.

Der Prior spricht: „Bevor wir nun unsere Signaturen unter das Dokument setzen, werde ich noch einmal die wichtigsten Punkte vortragen, die unter der Federführung unseres Heiligen Vaters beschlossen wurden.“

Die sechs blicken ernst.

„Es werde durch den westlichen Ozean eine Linie vom Nordpol zum Südpol gezogen, die 370 Leguas westlich der Kapverdischen Inseln verläuft und so genau und schnell wie möglich bestimmt werden soll.“

Ruy de Souza lächelt zufrieden: 370 Leguas (ca. 1770 km) statt der ursprünglichen 100. Da hat man gut verhandelt. Der Prior sieht das Lächeln, stockt kurz und liest dann weiter.

„Alles, was bis jetzt vom König von Portugal und seinen Schiffen nach Westen bis zu der genannten Linie und nicht darüber hinaus aufgefunden und entdeckt ist und künftig aufgefunden und entdeckt wird, seien es Inseln oder Festländer, bleibt und gehört dem König und seinen Nachfolgern für immer. Und alles andere, seien es Inseln oder Festländer, die vom König und der Königin von Aragón und Kastilien und ihren Schiffen gefunden und entdeckt sind oder aufgefunden und entdeckt werden, wenn man von der festgelegten Linie weiter nach Westen fährt, bleibt und gehört dem König und der Königin von Kastilien und ihren Nachfolgern für immer.“

Nun lächeln auch die Spanier, denn damit ist ihr Anspruch auf die neu entdeckten Länder besiegelt. Enrique Enríquez de Guzmán grinst förmlich: Er weiß, Spanien kann noch weiter hinausfahren – wer weiß, vielleicht gibt es weitere reiche Länder dahinter. Vielleicht lassen sich aber auch die Gewürzinseln auf dem Weg nach Westen erreichen. Gelassen nimmt er die dargereichte Feder und unterzeichnet das Dokument.

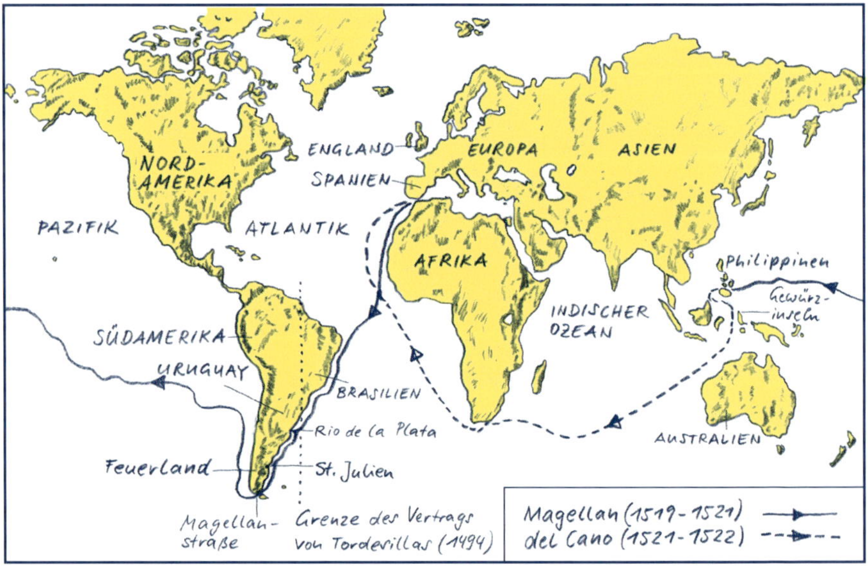


# Eine Passage zum Land, wo der Pfeffer wächst

Mehr als 28 Jahre später, am 6. September 1522, läuft ein Schiff, nein eher ein von Würmern zerfressenes und vom Sturm gebeuteltes Wrack in den spanischen Hafen Sanlúcar de Barrameda an der Mündung des Flusses Guadalquivir in den Atlantik ein. 18 halb verhungerte Matrosen fallen aus ihm heraus.

Die Menschen am Hafen staunen: Es ist die „Victoria" und fast niemand rechnete noch damit, sie jemals wiederzusehen. Vor drei Jahren, am 20. September 1519, war sie hier losgesegelt und schon lange hatte man nichts mehr von ihr und den anderen vier Schiffen der Flotte gehört, die unter dem Kommando des portugiesischen Seefahrers Ferdinand Magellan ausgefahren war.

**Ferdinand Magellan** oder Fernão de Magalhães, wie er ursprünglich portugiesisch hieß, oder Fernando de Magallanes, wie ihn die Spanier nannten, war Kommandeur der Flotte, der es gelang, erstmals die Welt zu umsegeln. Er wird vermutlich 1480 geboren und stammt aus einer verarmten Adligenfamilie im Norden Portugals. Da seine Eltern früh sterben, kommt er als Page an den Hof von König Johann II. von Portugal. 1505 schickt der König ihn nach Indien, wo die Portugiesen unter anderem Goa einnehmen. Magellan zeichnet sich durch große Tapferkeit aus, auch 1511 bei der Eroberung von Malakka (Malaysia), dem wichtigsten Ort für den Gewürzhandel, aus dem die Portugiesen ihren Reichtum schöpfen.

1513 wird Magellan in einer Schlacht in Marokko am Knie verletzt, und schlimmer noch: Man wirft ihm vor, Beute unterschlagen und Handel mit den Feinden getrieben zu haben. Beim Nachfolger von König Johann II., nämlich König Manuel I., genannt der Glückliche, fällt er in Ungnade, und als Magellan ihn bittet, seine monatliche Pension zu erhöhen, lehnt der König schroff ab. Genauso schroff verweigert er ihm das Kommando über ein Schiff. Als Magellan daraufhin fragt, ob er denn seine Dienste einem anderen Land anbieten dürfe, sagt der König nur: „Geht doch."

Manuel I. hat keine Verwendung mehr für seinen einst als so tapfer gerühmten Kapitän.

Magellan ist tief verletzt. Aber noch bleibt er. Er spricht mit Kartenzeichnern und stöbert in Archiven. Er kennt die Entdeckungen von Kolumbus, er weiß vom Portugiesen Pedro Álvares Cabral, der im Jahre 1500 an der brasilianischen Küste gelandet war. Er ahnt: Gelingt es ihm, um den neu entdeckten Kontinent, die Neue Welt, die neuerdings von allen „Amerika" genannt wird, herumzufahren, so erreicht er die Gewürzinseln. Die Länder, wo Muskat, Pfeffer, Zimt und Safran wachsen, gesuchte Güter, die mit Gold aufgewogen werden. Das ist ab jetzt sein Ziel.

Doch ein zweites Mal will er sich nicht von König Manuel erniedrigen lassen. So sucht er eine andere Möglichkeit. Die liegt nahe – in Spanien. Schon im März 1518 trifft er König Karl I., der später als Karl V. zum Kaiser gekrönt wird, und erklärt diesem seinen Plan. Karl ist interessiert. Die Spanier wollen schließlich zu den Gewürzinseln, aber der Weg um Afrika ist ihnen wegen des 1494 geschlossenen Vertrags von Tordesillas versperrt. So schließen König Karl I. und Magellan einen Kontrakt: Spanien stellt Magellan fünf Schiffe samt Ausrüstung. Mit denen soll er zu den Gewürzinseln gelangen, ohne dabei portugiesisches Gebiet zu berühren – sprich: nicht um Afrika herumsegeln, sondern eine Passage von Osten nach Westen um Amerika finden. Ein Fünftel aller Gewinne verbleiben bei Magellan, der Rest fällt an die Krone.

Am 20. September 1520 segeln die fünf Schiffe los. Magellan lässt auf seinem Flaggschiff, der „Trinidad", nachts eine Fackel anbringen, damit die anderen Schiffe ihn sehen können. Die Winde sind günstig und bald schon erreichen sie Brasilien, dann im Januar 1520 den Rio de la Plata. Weit führt der riesige Trichter ins Land hinein. 100 Kilometer, 200 Kilometer, 300 Kilometer. Ist das die ersehnte Meerenge? Doch dann wird die Bucht schmaler. Sie müssen umkehren.

Enttäuscht segeln sie an der heute argentinischen Küste entlang weiter nach Süden. Ende März 1520 gelangt die Flotte in die Bucht von St. Julian im südlichen Patagonien. Da der Winter naht – auf der Südhalbkugel sind die Jahreszeiten umgekehrt und die Sonne steht mittags im Norden –, beschließt Magellan, hier ein Lager zu errichten. Die Spanier treffen auch Eingeborene, die sie wegen ihrer großen Füße Patagonier (Großfüßler) nennen. Zwei von ihnen nehmen sie gefangen. Antonio Pigafetta, der mitreist und Tagebuch führt, berichtet:

*„Magellan bediente sich einer List: Er beschenkte die Riesen mit einer großen Menge von Messern, Spiegeln und Glasperlen und bot ihnen dann noch zwei Paar der eisernen Ringe an, wie man sie zum Fesseln verwendet. Die Wilden zeigten sofort ein heftiges Verlangen, die eisernen Ringe zu besitzen, doch sie konnten mit ihren überladenen Händen nicht nach ihnen fassen. Nun bedeutete ihnen Magellan, sie sollten sie an ihren Füßen befestigen. Damit waren sie zufrieden und die Matrosen legten ihnen die Ringe an."*

Die Spanier wollen die „Riesen" mit nach Hause nehmen, doch beide werden bald krank und sterben.

## Die ersehnte Durchfahrt

Die Winterpause ist kurz und im September 1520 segelt Magellan wieder los. Am 21. Oktober 1520 entdeckt er eine weitere Meerenge. Hinter dem Cabo de los Virgenes, einem schmalen Gebirge, öffnet sich eine kleine Bucht. Zwar sind sich die Kapitäne und Mannschaften der anderen Schiffe sicher, dass dieser Fjord keinen Ausweg nach Westen besitze, aber Magellan gibt nicht auf. Die Zufahrt ist schmal, verbreitert sich jedoch bald wieder, wird erneut enger. Sandbänke versperren den Weg, seltsame Strömungen gibt es hier, meterhoch türmen sich die Wellen. Es ist eine düstere Gegend mit stürmischen Winden aus allen Richtungen, schneebedeckten Gipfeln an den Ufern, dunklen Wäldern, mal einer Ebene und Gletschern. Immer wieder neue Nebenwege, enge Kanäle, die ins Nichts führen. Am südlichen Ufer sind nachts immer wieder Feuer zu sehen, was Magellan dazu bringt, das Land „Tierra de los fuegos" (Feuerland) zu nennen.

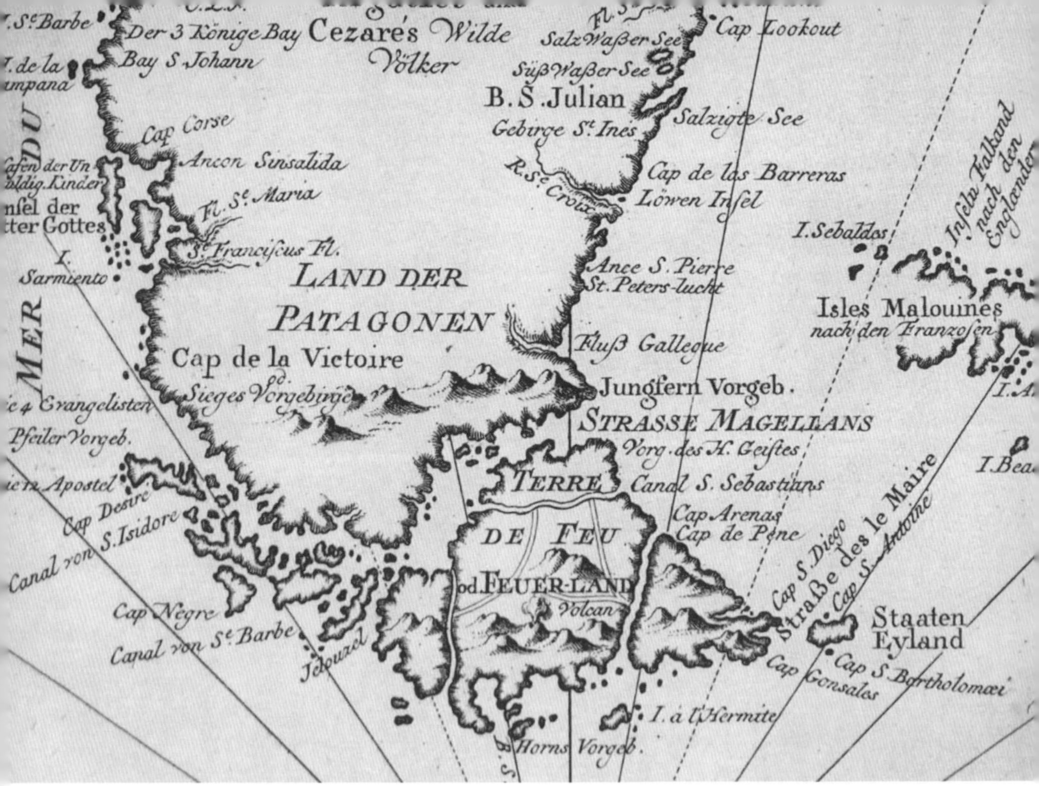


*Karte der Magellanstraße aus dem 18. Jahrhundert. Die Durchfahrt zwischen Südamerika (Land der Patagonen) und Feuerland ist gut zu erkennen.*

37 Tage später, am 28. November 1520, erreicht die Flotte von nunmehr vier Schiffen – der Kapitän der „San Antonio“ hatte eine Gelegenheit genutzt, um sich abzusetzen und nach Spanien zurückzusegeln – wieder offenes Meer. Die Matrosen staunen: Es ist ein anderes, ein neues Meer, eines, das sie bisher nicht kennen und das jetzt friedlich vor ihnen liegt: der Pazifik. Die Ostwestpassage um Amerika herum ist gefunden, eine Durchfahrt vom Atlantik in den Pazifik, die heute Magellanstraße heißt.

# Ein neues, endloses Meer

Das Glück, das Magellan in der Meeresenge hatte, verlässt die Flotte dann im Pazifik. Die Mannschaft leidet an Hunger und Skorbut. Sie segeln drei Monate und 20 Tage, ohne neue Nahrung an Bord nehmen zu können. Der Schiffszwieback fault und stinkt, er vermischt sich mit Würmern und dem Unrat von Mäusen. Das Wasser riecht übel, doch die Matrosen kippen das stinkige Gebräu hinunter. Sie schneiden das Leder, das die Masten schützt, herunter, legen es in Meerwasser ein, um es aufzuweichen, und braten es dann auf Kohlen. Sie essen Sägespäne, streiten sich um Mäuse, und als ein Matrose Ratten auf der „Trinidad" entdeckt, jagen sie alle den Tieren hinterher, um sie zu braten und hinunterzuwürgen.

Guckt man heute auf eine Landkarte, so verwundert es nicht, dass die Spanier verzweifeln. Der Pazifik ist riesig und auf der Strecke, die sie segeln, um von der Südspitze Südamerikas in die Gewässer um Indonesien zu gelangen, liegen nur wenige meist winzige Inselchen wie die Osterinseln.

Es dauert bis März 1521, bis sie wieder Land sehen. Auf den Marianen, einer Inselgruppe, können sie sich wieder mit Proviant eindecken. Doch nicht überall zeigt sich die Bevölkerung ihnen gegenüber freundlich. Magellan schafft es zwar, dass sich einige Inselherrscher dem König von Spanien unterwerfen, nicht aber Häuptling Lapu-Lapu auf Mactán, das zu den Philippinen gehört. So versucht Magellan, die Insel zu erobern. Mehr als 1500 Insulaner stehen ihnen gegenüber. Die Spanier schießen zunächst mit ihren Musketen und Armbrüsten, können dem Feind aber kaum schaden. Danach greifen die Insulaner an: Sie werfen Lanzen deren Spitzen aus Fischknochen bestehen, schmeißen Pfähle, Steine und Erdbrocken. Magellan wird von einem Pfeil in den Oberschenkel getroffen.

Die meisten Spanier rennen in Panik vor den Insulanern davon. Nur acht Männer bleiben bei ihrem Kapitän. Dann gelingt es einem der Insulaner, ihn mit der Lanze im Gesicht zu verwunden. Ein weiterer Insulaner verletzt ihn am Bein, Magellan stürzt, und – so beschreibt Pigafetta als Augenzeuge die Szene –

*„... in demselben Augenblick warfen sich alle Feinde auf ihn und hieben mit ihren Waffen auf ihn ein. So kam unser treuer Führer, unser Licht, unsere Stütze, ums Leben."*

Es ist der 27. April 1521. Magellan stirbt. Die anderen Spanier flüchten auf ihre Schiffe und segeln rasch davon.

Juan Sebastian del Cano übernimmt nun das Kommando der verbliebenen Schiffe. Sie segeln weiter, erreichen am 6. November 1521 die Molukkeninsel Tidore, wo sie endlich die ersehnten Gewürze kaufen können. Am 21. Dezember läuft die „Victoria" wieder aus, das zweite Schiff, die „Trinidad", segelt später los, wird jedoch von Portugiesen gekapert.

Als die „Victoria" am 7. September 1522 endlich wieder in Spanien einläuft, ist die erste Weltumseglung vollendet. Sie dauerte zwei Jahre, elf Monate und zwei Wochen. Del Cano wird gefeiert. Er erhält von Karl V. ein Wappen, das eine Weltkugel mit der Inschrift „Primus circum dedisti me" („als Erster hast du mich umsegelt") zeigt. Dazu verspricht ihm der Kaiser jedes Jahr 500 Dukaten bis an sein Lebensende.

Karl V. kann sich leicht großzügig zeigen, denn die lange Expedition war für ihn ein Erfolg. 8.333.000 Maravedis hatte er für die Schiffe ausgegeben, 8.680.500 Maravedis bringt jedoch der Verkauf der 26 Tonnen Gewürze, welche die Victoria geladen hatte. Ein Gewinn von 547.500 Maravedis, knapp 1.000 Golddukaten. Nicht viel direkter Gewinn, aber zugleich war sein Herrschergebiet in Südamerika vergrößert worden.

Dass etwa 240 Seeleute den Tod gefunden haben, stört den Kaiser nur wenig. Denn wage- und todesmutige Seeleute ließen sich leicht finden, lockte sie doch die Gier nach Reichtum.

Die erste Weltumsegelung veränderte das Bild der Erde stärker und unmittelbarer als Kolumbus' Entdeckung Amerikas. Seither kannte man die unendliche Weite des Pazifiks, wusste, dass der Erdumfang wesentlich größer ist, als man dachte, und dass die Erdoberfläche überwiegend von Wasser bedeckt ist.

# Zeittafel

## 1480

Ferdinand Magellan, portugiesisch Fernão de Magalhães, spanisch Fernando de Magallanes, wird in Sabrosa, Portugal, geboren.

## 1494

In Tordesillas/Spanien wird am 7. Juni die Welt in eine portugiesische und eine spanische Einflusszone aufgeteilt.

## 1505

Erste Reise Magellans nach Indien. Weiterreise 1506 auf die Gewürzinseln, wo Magellan 1510 zum Kapitän ernannt wird

## 1511

Teilnahme an der Eroberung von Malakka (Malaysia)

## 1513

Magellan wird nach Marokko geschickt und nimmt an der Schlacht von Azamor teil.

## 1514

Magellan wird am 15. Mai aus dem portugiesischen Staatsdienst entlassen.

## 1518

Magellan schließt am 22. März einen Vertrag mit Karl I. von Spanien. Ziel: Eine Reise zu den Gewürzinseln um den neu entdeckten Kontinent Amerika herum.

## 1519

Am 20. September segelt Magellans Flotte in Sanlúcar de Barrameda, Südspanien, los.
Die Flotte findet am 21. Oktober mit der sogenannten Magellanstraße, der Wasserstraße, die das südamerikanische Festland von der Insel Feuerland trennt, die Durchfahrt zum Pazifik.

## 1521

Magellans Flotte trifft im März auf den Marianeninseln im Pazifik wieder auf Land.

## 1521

Magellan stirbt am 27. April bei Gefechten mit Ureinwohnern auf Mactan, Philippinen. Danach übernimmt Juan Sebastian del Cano das Kommando der Schiffe.

## 1522

Juan Sebastian del Cano erreicht am 6. September mit einem Schiff wieder Sanlúcar de Barrameda.

# Die Eroberung Amerikas

Gewürze wollten sie finden – Gold und Silber entdeckten sie: Die ersten spanischen Entdecker und Eroberer, die Ende des 15. Jahrhunderts und im 16. Jahrhundert den Atlantik überquerten, suchten Reichtum in Südamerika, auch wenn sie viel vom Christentum sprachen. Sie interessierte weder das Land noch seine Bewohner, sie waren gierig auf Gold, das sie vorwärtstrieb und große Reiche erobern ließ.

Die Eroberer des neu entdeckten Kontinents waren überwiegend Haudegen, entwurzelte, rohe Gestalten, die schon in Spanien immer gekämpft hatten, teilweise in der sogenannten Reconquista, der „Rückeroberung" Spaniens von den Muslimen. Diese hatte Ende des 15. Jahrhunderts unter den katholischen Königen Ferdinand II. und Isabella I. ihren Abschluss gefunden. Am 2. Januar 1492 kapituliert der letzte arabische Herrscher in Al-Andalus (Andalusien), Muhammad XII.

Etwas mehr als zehn Monate später landet Kolumbus auf den Inseln in der Karibik. Schnell folgen ihm viele, die in der Neuen Welt ihr Glück machen wollten – auch mit Waffengewalt, denn es sind zumeist ehemalige Kämpfer. Diese Männer kennen nur Krieg und

Gewalt. Auf ihren Eroberungszügen verbreiten die Spanier Angst und Schrecken; sie besitzen scharfe Schwerter aus Metall, dazu Kanonen, alles bessere Waffen als die der einheimischen Indianer. Sie tragen glänzende Harnische, an denen die Pfeilschüsse und Steinwürfe abprallen, sie kommen hoch zu Ross und die ersten Reiter wirken auf die Indianer wie fremde Fabelwesen voll unermesslicher Kraft.

**Hernán Cortés** und **Francisco Pizarro** sind die berühmtesten spanischen Eroberer in Südamerika. Ihnen gelingt es, mit nur wenigen Kämpfern die großen Reiche der Azteken und der Inkas zu unterwerfen. Vielleicht spielte auch deren Götterglaube eine Rolle dabei: Die Azteken erwarteten – so die Legende – die Rückkehr des Federschlangengottes *Quetzalcoatl*, genau zu dem Zeitpunkt, als Cortés' Truppen kamen. Der Gott war weißhäutig und bärtig, ebenso wie der Schöpfergott *Tici Viracocha*, den die Inkas angeblich ersehnten.

In einem indianischen Text heißt es über die Spanier: „Affen gleich wiegten sie das Gold in ihren Händen oder setzten sich mit dem Ausdruck des Vergnügens zu Boden und ihr Gemüt schöpfte neue Kraft und erleuchtete sich. Wie hungrige Schweine lechzten sie nach Gold."

Erst mehr als 200 Jahre später begann die wissenschaftliche Entdeckung Amerikas. Mit riesiger Begeisterung und Energie befuhren Forscher unbekannte Flüsse, durchstreiften Salzwüsten, erklommen die Gipfel der Anden und wühlten sich durch das Dickicht der Urwälder. Sie sammelten Pflanzen und kategorisierten Tiere, sie lernten fremde Sprachen und heilten Krankheiten, vermaßen das Land und fanden Arzneimittel.

Die bekanntesten sind vielleicht der Franzose Charles-Marie de la Condamine und der Deutsche Alexander von Humboldt, die nach ihrer Rückkehr dicke Bände mit ihren Forschungsergebnissen veröffentlichten. Sie wurden schon zu Lebzeiten berühmt und waren angesehene Mitglieder der wissenschaftlichen Gesellschaften. Weniger bekannt, aber vielleicht genauso bedeutend, ist **Thaddäus Xaverius Peregrinus Haenke**, auf Tschechisch Tadeáš Haenke, auf Spanisch meist Tadeo Haenke, der dritte unter den sanften Eroberern Südamerikas, wie man die Forscher heute nennen kann.

Haenke erkundet die Bergwerke in Nordchile. Ihm gelingt 1809 erstmals, Natronsalpeter in Kalisalpeter umzuwandeln, indem er ihn mit Asche von Kakteen und Tang auslaugt – der Kalisalpeter ist damals zur Herstellung von Sprengstoff und Schießpulver gesucht.

Später wird entdeckt, dass Salpeter auch als Düngemittel einsetzbar ist. Das macht unwirtliche Regionen reich. Die europäische Landwirtschaft ist der Hauptabnehmer. In der Atacamawüste gründen wagemutige Unternehmer *oficinas*, Salpeterstädte, inmitten von Geröll, Sand und bunten Felsen, wo in der Ferne Salzseen und schneebedeckte Andengipfel leuchten.

Waren die Forschungsreisen von Humboldt und Haenke zum größten Teil noch private Unternehmen, so durchquerten **Meriwether Lewis** und **William Clark** ab 1804 in einer offiziellen Mission des Präsidenten der Vereinigten Staaten den nordamerikanischen Kontinent. Sie sollten, so Präsident Thomas Jefferson, „das Land bis zum westlichen Ozean erkunden", dabei Kenntnisse über die natürlichen Gegebenheiten gewinnen, über Wasserläufe, Berge, Täler und die Tier- und Pflanzenwelt. Denn bis dahin war unbekannt, wie es im Westen des Kontinents aussah. Nur ein schmaler Küstenstreifen war erforscht. Lewis und Clark sollten außerdem Handelsverträge mit den Indianern schließen, Schifffahrtsrouten erkunden und vor allem auch die Ansprüche der USA auf die gesamte Landfläche zwischen Atlantik und Pazifik in Nordamerika durchsetzen. Sie sollten überall die Flagge mit Sternen und Streifen, das „star spangled banner", aufsetzen und so den unendlich erscheinenden Westen für die Besiedelung öffnen.

Nach der erfolgreichen Mission von Lewis und Clark kamen vor allem zunächst Trapper, Waldläufer und Pelzjäger in den Westen. Ihnen folgten Händler wie Johann Jacob Astor, dann die Siedler. Die Zeit des Wilden Westens, der Glücksritter und der Indianerkriege begann.

# Hernán Cortés

## (1485 – 2.12.1547)

## „Es müssen Götter sein“

Seit Stunden schleppen sie Kisten, Säcke, Tonnen, Krüge. Der Befehl von Hernán Cortés ist eindeutig: Alles soll runter von den Schiffen. Nicht nur Proviant und Waffen, auch die Hängematten, Segel, Munitionskisten, selbst die Navigationsgeräte. Einfach alles. Nach wenigen Stunden liegen die zehn Schiffe nackt da, ohne Segel, ohne Masten, ohne Steuer. Die Matrosen sind erschöpft und wundern sich. Noch mehr über Cortés neuen Befehl: „Setzt die Schiffe in Brand!“ Ende April 1519 stehen mehrere Hundert Spanier, dazu ein gutes Dutzend Pferde, einige Feldgeschütze und vier kleine Kanonen am Karibikufer im heutigen Mexiko. Der Rückweg nach Kuba, von wo sie im Februar auf eigene Faust losgesegelt waren, ist ihnen nun ohne Schiffe verwehrt.

Hernán Cortés ist ihr Kommandant. Ihn treibt wie alle eines an: die Gier nach Gold. Sie drängt ihn vorwärts, sie bringt ihn dazu, alle Rückzugswege abzuschneiden.

„Oh, mein Herrscher. Es sind seltsame Wesen. Köpfe wie wir, aber mit weißer Haut, Körper aus Eisen, die fest mit Tieren verwachsen sind. Es müssen Götter sein." Der Bote, der vor Montezumas Thron liegt, ist atemlos. Er stößt seine Worte hektisch aus. Erschreckt darüber, was man ihm berichtet hat, und ängstlich, wie sein Herrscher auf die Nachricht reagieren wird. Wird er ihn töten lassen? Als Opfer, damit die Sonne erneut aufgeht? Das Herz herausreißen lassen, zum Lob der Götter?

Montezuma macht seinem Namen alle Ehre. „Er schaut finster drein wie ein Fürst", bedeutet dieser in der Sprache der Azteken. Der Aztekenherrscher kennt keine Gnade. Er lässt den Boten wegführen. Als Opfer. Ein Menschenleben zählt nicht viel. Er ist schließlich der unantastbare Herrscher.

Und er überlegt. Am besten sollte man die Weißen angreifen. Sie vernichten. Kein Volk hat es je gewagt, sich gegen ihn zu erheben. Die Weißen töten. Allesamt. Das ist es. Die Götter gütlich stimmen und dann angreifen. Erst mit den Priestern die Opfer festlegen und dann den besten Zeitpunkt für die Attacke auswählen.

Er befiehlt seine Priester zu sich.

„Was sollen wir tun? Mehr Menschen opfern? Oder sofort die Weißen angreifen?"

Die Priester schauen sich gegenseitig an. Ihnen ist unwohl. Was sollen sie raten? Die Weißen besitzen Maschinen, die feurige Kugeln aus ihren Bäuchen ausspucken, hat man ihnen berichtet. Sie haben Hunde mit gelben Augen, die hechelnd alles zerreißen, was sich ihnen in den Weg stellt. Sie sitzen auf riesigen Tieren und sind unangreifbar wegen ihrer Körper aus Eisen. Sie töten jeden, der sich in ihren Weg stellt.

*Der Sonnenstein (etwa 3,6 Meter Durchmesser) stammt aus dem Haupttempel von Tenochtitlan.*

Der oberste Priester ergreift das Wort: „Herrscher, höre: In Cholula, zwei Tagesmärsche vor der Hauptstadt Tenochtitlan, haben die Weißen alle Würdenträger zusammengetrieben. Sie mussten sich auf einem Platz versammeln. Dann haben die Weißen Wachen um sie herum aufgestellt. Und dann …“, der Priester stockt einen Moment. Soll er wirklich alles erzählen? Montezuma nickt ihm zu, der Aztekenherrscher will wissen, was die Weißen getan haben. „Dann …“, der Priester nimmt all seinen Mut zusammen, „haben sie alle getötet! 3000 Menschen in einer Nacht.“

Montezuma erschrickt. Menschenopfer kennt er – aber so viele auf einmal. Warum? Und das in der heiligen Stadt Cholula, wo das größte Heiligtum des Gottes Quetzalcoatl steht.

„War es ein Opfer?"

Die Priester wissen keine Antwort. 3000 Menschenleben als Opfer für den Gott des Windes, des Himmels, der Erde?

Ein anderer Priester erinnert Montezuma an die alte Legende: „Herrscher, du weißt, dass der Gottkönig Quetzalcoatl auf einem Floß aus Schlangen über das Meer nach Osten segelte. Nach seinem Tod stieg er in den Himmel hinauf, wo er als die Venus, als Morgenstern, leuchtet. Er versprach jedoch, in das Tal Mexikos wiederzukommen, als Schutzgott des Guten und des Lichts, und zwar am Tage Ce Acatl. Der Gottkönig Quetzalcoatl hatte – so wird berichtet – eine helle Haut, helle Haare und einen Bart."

Er sagt es nicht, aber alle – die Priester und Montezuma – glauben es: Die Weißen und ihr Anführer könnten Quetzalcoatl und seine Getreuen sein. Und gegen Götter, wenn es denn welche sind, kann man nicht kämpfen.

Montezuma weiß nicht, was er tun soll. Tage später berichtet ein Bote: Die Weißen wollen Montezuma treffen. Gut, er wird sie zu sich bitten. Sehen, ob es Götter sind.

Am 8. November 1519 empfängt der Aztekenherrscher die Weißen vor den Toren der Hauptstadt Tenochtitlan. Er geht ihnen mit 200 Gefolgsleuten entgegen, alle sind sie barfuß und alle tragen dieselbe Tracht. Montezuma geht zögerlich voraus, zwei Begleiter gehen einen Schritt hinter ihm.

Die Spanier, denn die Weißen sind Spanier unter dem Anführer Hernán Cortés, warten. Nur Cortés reitet ihnen entgegen. Allein, furchtlos, stark. Er steigt vom Pferd, geht auf den Aztekenherrscher zu und breitet die Arme aus. Sofort springen Montezumas Begleiter schützend vor. Und der Aztekenherrscher? Er schrickt ängstlich zurück.

# Die Eroberung Mexikos

Hernán Cortés wird 1485 als Sohn einer armen Adelsfamilie in Medellín in der spanischen Provinz Estremadura geboren. Er studiert ein wenig in Salamanca, tritt aber bald in den Kriegsdienst ein und segelt 1504 nach Westindien – sein Ziel: eine schnelle Karriere auf den von Kolumbus entdeckten Inseln. Auf Kuba wird er Sekretär des Gouverneurs, er züchtet Vieh und wird 1515 Oberbefehlshaber und Friedensrichter in der Stadt Santiago de Cuba. Doch er träumt von mehr.

Er hört vom Goldreichtum Mexikos und beschließt: Daran will ich teilhaben. 1519 segelt er mit einer kleinen Mannschaft heimlich los – ohne die Erlaubnis des Gouverneurs Don Diego Velazquez!

In Mexiko gründen die Spanier die Kolonie Villa Rica de la Vera Cruz, die heutige Stadt Veracruz. Dass sie eine Kolonie begründen, ist ein Trick: So unterstehen sie direkt dem Befehl des Königs in Spanien und nicht mehr Don Diego Velazquez, dem Gouverneur von Kuba. Denn die spanischen Eroberer haben ein Motto: „Der liebe Gott ist im Himmel, der König in Spanien und hier herrsche ich!"

Im August 1519 gibt Cortés den Befehl zum Aufbruch von Veracruz. Das Ziel ist die Hauptstadt der Azteken, Tenochtitlan. Die kleine spanische Truppe kennt keine Angst oder sie lässt sich zumindest keine anmerken, schlägt und gewinnt Schlachten, tötet Indianer oder verbrüdert sich. Am 8. November 1519 zieht sie in die Hauptstadt ein, eingeladen und gleichzeitig gefürchtet vom Aztekenherrscher Montezuma.

Tenochtitlan ist mit mehr als 100.000 Einwohnern eine der größten Städte der Welt. Sie liegt in einem salzigen Gewässer, nur fünf Dämme führen an Land. Hineinkommen ist schwierig, Herauskommen aber auch. Die Lage ist heikel für die kleine spanische Truppe, aber Montezuma will keinen Kampf riskieren, die Spanier ebenso wenig. Doch als Cortés erfährt, dass Azteken die von ihm gegründete Stadt Veracruz angegriffen haben, setzt er alles auf eine Karte: Er besucht Montezuma mit einigen Männern – die Waffen in der Kleidung versteckt – und zwingt ihn mit Gewalt, in das Quartier der Spanier mitzukommen. Nun ist der Aztekenherrscher gefangen – er regiert zwar weiter, aber unter Cortés Aufsicht.

Hernán Cortés scheint gesiegt zu haben. Doch er war ohne die Erlaubnis des Gouverneurs von Kuba ausgezogen. Dieser sendet Truppen aus, um Cortés gefangen zu nehmen. Cortés zieht ihnen entgegen, überfällt sie in der Nacht und überredet die Besiegten, sich ihm anzuschließen. Er kehrt mit 1200 Mann nach Tenochtitlan zurück, wo inzwischen ein Aufstand gegen die Spanier ausgebrochen ist. Nicht unter Montezumas Führung, sondern unter der von Cauitláuac, den die Azteken zum neuen Herrscher des Reiches erwählt hatten. Montezuma stirbt während des Kampfes – ob die Spanier ihn töteten oder die Azteken, ist ungewiss.

Cortés muss in der Nacht auf den 1. Juli 1520 aus Tenochtitlan fliehen. Die Spanier sind geschlagen, von den 1200 Soldaten und knapp 100 Pferden überleben nur 425 Soldaten und 24 Pferde. Cortés selbst verliert den Zeigefinger seiner linken Hand.

Die Azteken verfolgen die flüchtenden Spanier, um sie endgültig zu besiegen. Doch in der offenen Feldschlacht preschen die Spanier mit ihren Pferden einfach mitten in das Heer hinein, sie reiten den Befehlshaber der Azteken nieder, töten ihn und können danach entkommen.

Cortés sammelt wieder Truppen: versprengte Spanier, unzufriedene Azteken und Völker, die von den Azteken unterdrückt sind. Ab Mai 1521 belagert er die Hauptstadt Tenochtitlan. Die Azteken sind schon dezimiert, da viele von ihnen, darunter auch ihr Herrscher Cauitláuac, an den von den Spaniern eingeschleppten Krankheiten gestorben sind.

Jeden Tag greifen die Spanier nun an, jedes Haus, das sie erobern, reißen sie nieder, damit sich die Azteken nicht nachts erneut darin verschanzen können. Sie lassen weder Wasser noch Nahrung in die Stadt – die Einwohner hungern. Die Spanier dringen weiter vor und schließlich versucht der letzte Aztekenherrscher Cuauhtémoc, mit seiner Familie zu flüchten, wird aber festgenommen. Am 13. August 1521 ist das Aztekenreich endgültig erobert. Tenochtitlan wird komplett zerstört.

Und Cortés? Der bleibt noch einige Jahre in Mexiko und wird von Kaiser Karl V. zum Ritter geschlagen. Er wird aber nicht zum Verwalter Mexikos ernannt, was ihn wurmt. 1541 kehrt er nach Spanien zurück. Er stirbt am 2. Dezember 1547.

# Zeittafel

## 1485

Hernán (auch Hernando) Cortés wird in Medellín in der heutigen Provinz Badajoz, Extremadura geboren.

## 1515

Cortés wird Bürgermeister und Richter von Santiago de Cuba.

## 1519

Cortés segelt am 18. Februar nach Mexiko und landet dort am 21. April 1519.

## 1519

Cortés zieht am 8. November in die Hauptstadt der Azteken, Tenochtitlan, ein. Später nimmt er den Aztekenherrscher Montezuma gefangen.

## 1520

Cortés muss am 1. Juli aus Tenochtitlan flüchten.

## 1521

Cortés beginnt im Mai, Tenochtitlan zu belagern. Am 13. August 1521 fällt die Aztekenhauptstadt. Das Aztekenreich ist erobert.

## 1523

Cortés beginnt einen Feldzug, um Honduras zu erobern.

## 1528

Cortés reist nach Spanien.

## 1529

Karl I. von Spanien schlägt Cortés im Juli zum Ritter und ernennt ihn zum Generalkapitän von Neuspanien und der Südsee.

## 1541

Hernán Cortés kehrt nach Spanien zurück.

## 1547

Cortés stirbt am 2. Dezember in Castilleja de la Cuesta bei Sevilla.

# Francisco Pizarro

## (1476 oder 1478 bis 26.6.1541)

## Das Goldland in den Bergen

Frühjahr 1513, an der Ostküste Panamas: Vasco Núñez de Balboa weiß nicht, was ihn erwartet. Er ist eingeladen. Comagre, der mächtigste Häuptling der Indianer in dieser Gegend, will ihn sehen. Eine Einladung, der man folgen sollte. Denn nicht viele Spanier hier in Santa María de la Antigua del Darién, wo er sich Gouverneur nennen darf, erhalten sie.

Gouverneur. Das hört sich großartig an, bedeutet aber in Wirklichkeit nichts. Viel ist hier nämlich nicht zu holen. Fische fangen, Fische essen, Fische tauschen gegen Mais, ein bisschen Schweinezucht. Gold oder Silber, was sich Balboa so erhofft hatte – Fehlanzeige. Und die Indianer: Man weiß nie – sind sie kriegerisch oder freundlich?

Comagre steht schon vor seiner Hütte, als Balboa mit seinen Begleitern bei ihm eintrifft. Er winkt Núñez de Balboa herbei und bittet die Weißen hinein. Die Spanier setzen sich, hören zu. Comagre spricht von Freundschaft. Gut. Núñez de Balboa atmet auf.

Der Häuptling schaut lächelnd in die Runde und lässt einen seiner Männer ein zusammengebundenes Tuch in die Mitte legen. Langsam öffnet der Indianer die Schnur und breitet das Tuch aus. Die Spanier staunen. Núñez de Balboas Herz schlägt schneller: Da liegt es vor ihm. „Gold. Endlich Gold", brüllt er.

Er greift als Erster danach, dann die anderen. Sie grapschen nach den kleinen Klumpen und dem Staub, lassen es erst durch die Finger rieseln, einer greift den größten Klumpen, ein anderer reißt ihn weg. Jeder will ihn haben. Sie schreien und schlagen aufeinander ein.

„Gold, endlich Gold", schreit Núñez de Balboa ein ums andere Mal.

Die Indianer staunen – es ist doch bloß Gold. Häuptling Comagre schenkt den weißen Männern die 4000 Unzen (etwa zwölf Kilogramm) Gold. Und er zeigt nach Süden. „Dort", sagt er, „hinter den Bergen, dort erstreckt sich ein großes Gewässer und alle Flüsse, die da hinein münden, führen Gold im Überfluss mit sich."

Am 1. September ziehen die Spanier los. Sie bahnen sich mit Schwertern, Macheten und Äxten einen Weg durch den Urwald, selbst die einheimischen indianischen Führer wissen oft nicht, wo lang. Schattig und feucht ist es im Wald, die Baumwipfel sind dicht, die Bäume mit Schlingpflanzen überwuchert. Sie kämpfen immer wieder gegen Indianer, sie waten durch Sümpfe und Flüsse, werden von Moskitos zerstochen, hungern und trinken modriges Wasser, ertragen das gruselige nächtliche Geschrei der Affen.

Mühsam stapfen die schwer gerüsteten Spanier über schlammige Wege, verfluchen ihre Rüstungen, wagen aber nicht, sie abzulegen. Die Goldgier treibt sie an, lässt sie die Alligatoren vergessen, die an den Ufern lauern, die Schlangen in den Bäumen oder die Skorpione auf dem Boden des Waldes.

Am 25. September 1513 zeigt der indianische Führer auf den nächsten Bergrücken.

„Von dort oben ist das große Wasser zu sehen", sagt er.

„Ihr wartet hier", befiehlt Balboa der Mannschaft.

Er steigt alleine hinauf – und um elf Uhr steht er auf der baumlosen Höhe. Unter ihm eine Bucht, dahinter bis zum Horizont Wasser. Das Meer, die Südsee!

Vier Tage später steht Balboa im Wasser. Knietief. Mit Rüstung und Helm. Er hebt sein Schwert und die Fahne mit dem spanischen Wappen. Seine Männer staunen, einige grinsen, schütteln den Kopf: Ist ihr Anführer verrückt geworden? Fuchtelt im Meer – im heutigen Golf von Panama an der Ostküste des gleichnamigen Landes – mit seinem Schwert herum.

Doch Vasco Núñez de Balboa weiß, was er tut. Er fühlt sich großartig, vergessen sind alle Strapazen. Als erster Europäer steht er in dem neuen Ozean, den er „Südsee" tauft und nun für Spanien in Besitz nimmt. Dieses Meer beweist, dass Kolumbus nicht nach Asien segelte, sondern wirklich einen neuen Kontinent, eine Neue Welt entdeckt hat. Und er, Vasco Núñez de Balboa, hat es bewiesen.

Und tatsächlich gibt es Gold in den Flüssen, dazu Perlen im Meer. Die Spanier stopfen sich ihre Taschen und Kisten voll. Ein Indianer erzählt Balboa von einem Land mit Namen Biru: „Dort, im Süden, in Biru, dort gibt es noch viel mehr Gold. Ein sagenhaftes Goldland ist das." Einer von Balboas Mitstreitern hört heimlich zu und vergisst den Satz nie mehr. Er heißt Francisco Pizarro.

*Die schwarzgebänderte Andenkorallenschlange kommt in Kolumbien, Ecuador, Peru und Bolivien vor.*

# Die Eroberung Perus

Francisco Pizarro geht es gut. Er, der er in Trujillo, in der spanischen Provinz Estremadura geboren wurde und dort als Schweinehirte arbeiten musste, hat es geschafft. Er ist Bürgermeister und Richter in der Stadt Panama. Doch etwas nagt an Francisco Pizarro. Es nagt an ihm seit neun Jahren. Die Erinnerung, wie er sich mit Vasco Núñez de Balboa durch Panama schlug, wie er am Pazifik stand und der Indianer Núñez de Balboa zuflüsterte: „Dort, im Süden, in Biru, dort gibt es noch viel mehr Gold." Dazu all die Berichte darüber, wie sein Verwandter Hernán Cortés in nur zwei Jahren das riesige Reich der Azteken eroberte und unermessliche Schätze gewann.

Pizarro trifft sich mit einem Gleichgesinnten: Diego de Almagro, der durch Spanien vagabundiert war, nach Mittelamerika kam und wie Cortés nun in Panama lebt. Sie treffen Hernando de Luque,

der ein wenig Geld hat und sie unterstützt. Ihr Ziel: Das Goldland Eldorado zu erobern, das sie in Biru vermuten und von dem schon so viele berichtet haben. Was wird nicht alles in den Spelunken am Hafen erzählt? Von dem König, der ganz in Gold gehüllt ist, von Goldschätzen, die in Seen versenkt werden, um den Göttern zu huldigen, von Palästen aus Gold. Riesige Schätze, die nur darauf warten, von ihnen erobert zu werden.

Die drei legen los. Am 14. November 1524 verlassen Pizarro und Almagro auf zwei kleinen Schiffen Panama. Ihre Expedition scheitert kläglich und Diego de Almagro verliert durch einen Pfeilschuss ein Auge. Aber sie geben nicht auf: 1526 erreichen die drei die peruanische Küste.

Zwei Jahre später kehren sie mit Gold und Lamas nach Panama zurück und Pizarro reist nach Spanien weiter, wo er mit Kaiser Karl V. spricht. Der ernennt ihn am 26. Juli 1529 zum Generalkapitän von Peru und gibt ihm die Erlaubnis zum Feldzug dorthin. Die Truppen und Ausrüstung muss Pizarro allerdings selbst bezahlen.

Ende 1530 segeln Pizarro, Almagro und eine mehrere Hundert Mann starke Expedition erneut Richtung Peru. Mit dabei sind auch drei Brüder Pizarros, nämlich Hernando, Gonzalo und Juan. Sie schippern zunächst an der Pazifikküste entlang und gründen im August 1532 das heutige Piura, die erste spanische Stadt in Peru.

Einen Monat später brechen sie ins Landesinnere auf. Sie steigen durch Nebelwälder bergauf. Immer steiler geht es bergan, vorbei an Wasserfällen, die Vegetation wird dünner, die Luft ebenfalls und die Nächte werden kälter. Sie erblicken Berge so hoch, wie sie sie noch nie gesehen haben, manche rauchen still vor sich hin – Vulkane.

Was sie vorwärtstreibt, ist wieder nur ein Gedanke, ein Ziel: Gold. Es ist das Erste, an das sie denken, wenn sie aufwachen, und das Letzte, bevor sie einschlafen. Die Vorstellung der Schätze vertreibt Durst und Schmerz, Hunger und Müdigkeit.

Im Hochland finden die Spanier erste Zeichen einer Zivilisation. Gebäude, befestigte Straßen, dann eine verlassene Stadt. Cajamarca. Als Pizarro mit etwa 60 Reitern und 100 Infanteristen in sie hineinreitet, merkt er schnell: Der Inkaherrscher Atahualpa hält sich oberhalb der Stadt bei heißen Quellen auf – umsorgt von Zehntausenden Soldaten.

Ein indianischer Unterhändler kommt, man redet. Pizarro weiß, dass die Indianer kaum zu besiegen sind. Was tun? Den Traum vom Gold aufgeben? Flüchten? Wohin? In den Bergen sind die Spanier verloren. Es muss eine plötzliche Eingebung gewesen sein, die Pizarro handeln lässt.

*„Er sandte 20 Pferde mit Reitern, um Atahualpa seine Ankunft anzukündigen. Diese Reiter ritten in vollem Lauf auf das peruanische Lager zu, sodass die Indianer vor Furcht wegliefen. Der König aber, der an der Spitze stand, egal wie schrecklich ihm die Gestalt der Pferde auch vorkam, wich aus echtem königlichem Gemüt nicht aus, nicht um ein Haar, sodass ihn der Schaum aus dem Maul der rennenden Pferde ins Gesicht traf, worüber sich die Spanier mehr entsetzten als sich die Indianer vor den Pferden fürchteten."*

So beschreibt eine Chronik einige Jahrzehnte später Pizzaros Handeln. Er lädt Atahualpa zu einer Unterredung nach Cajamarca ein. Warum bekämpft der Inkaherrscher die Spanier nicht? Vielleicht ist er verunsichert. Die Spanier kommen zu einem für sie glücklichen Zeitpunkt. Das Reich der Inka ist von Zerfall bedroht. Ein Bruderkrieg hat es geschwächt, auch gibt es Aufstände der unterdrückten Völker.

Am 16. November 1532 zieht der Inkaherrscher ins Tal. Auch die Indianer wissen zu beeindrucken. „Zuerst kam eine Abteilung Indianer in buntfarbigen, livreeartigen Gewändern. Sie räumten beim Heranrücken den Unrat vom Boden weg und säuberten den Weg“, schrieb der Sekretär Pizarros Francisco de Xeres später in seinem Bericht. Der Herrscher soll nicht mit Schmutz in Berührung kommen. Nach Tänzern und Spielleuten folgt schließlich Atahualpa. Er lässt sich tragen „in einer Sänfte, die mit Büschen aus den vielfarbigen Federn indianischer Papageien besteckt und mit Gold- und Silberplatten geschmückt war“.

Und Fray Celso Gargia, ein Augustinermönch, beobachtete, dass Atahualpa auf „einem Thron aus gediegenem Gold“ saß. „Er trug ein Smaragdhalsband von außerordentlicher Schönheit. In seinem kurz geschnittenen Haar staken kostbare Edelsteine.“

Unbewaffnet stellen sich die Inkas auf der Plaza in Cajamarca auf. 6000 Indianer, die ihrem Herrscher gefolgt sind. Die Spanier sind nicht zu sehen. Nur der Priester Vicente de Valverde tritt vor, mit Bibel und Kruzifix. Er berichtet von Gottes Gnade, davon, dass die Inka ihren Göttern abschwören sollten und dass das Inkareich nun zu Spanien gehöre. Das sei Gottes Wille.

Atahualpa bittet um das Buch oder der Priester will es ihm geben – die Quellen sind sich da nicht einig, genau wie beim Folgenden – und die Bibel fällt zu Boden oder wird von Atahualpa zu Boden geworfen. Darauf hat Pizarro nur gewartet. Gottes Wort zu Boden geschleudert! Das bedeutet Krieg – heiligen Krieg.

„Santiago“, der Schlachtruf der Spanier erklingt. Wie vorher verabredet stürmen die Spanier aus den umliegenden Häusern. Sie feuern mit Kanonen und Musketen in die Indianer, sie reiten und rasen in die Menge und schlagen und stechen mit ihren Schwertern und Degen um sich. Ein Trupp unter Pizarros Führung fällt über den Inkaherrscher her und nimmt Atahualpa gefangen. Die Indianer fliehen. Das Inkaimperium ist besiegt.

*„Es war etwas Wundervolles zu sehen, wie ein so mächtiger Herr, der in solcher Machtfülle gekommen war, in so kurzer Zeit zum Gefangenen gemacht wurde.“*

Das schreibt Francisco de Xeres später. Atahualpa bietet Pizarro Lösegeld an. Er wolle für seine Freiheit so viel Gold aufbringen, wie der Raum fasse, in dem er gefangen sei. Pizarro willigt ein und monatelang schleppen Indianer Gold- und Silberschmuck nach Cajamarca. Nach heutiger Rechnung erhalten die Spanier Schätze im Wert von ungefähr 350 Millionen Euro, doch Pizarro hält seinen Teil des Abkommens nicht ein: Er verurteilt Atahualpa zum Tod auf dem Scheiterhaufen, es sei denn, dieser lasse sich taufen. Der Inka willigt ein, worauf Pizarro ihn nach der Taufe zynisch begnadigt: Statt lebendig verbrannt zu werden, wird Atahualpa am 29. August 1533 mit der Garotte, einer Würgeschlinge, erdrosselt.

Zwei Jahre später hat Pizarro das gesamte Inkareich mit der Hauptstadt Cuzco erobert. Pizarro ist auf dem Höhepunkt seines Ruhmes und Reichtums, doch Streitigkeiten zwischen den Eroberern – Pizarro herrscht über den nördlichen Teil des Inkareiches, Almagro über den südlichen – führen schließlich zum offenen Krieg. Wie immer geht es um Gold und um Macht. Pizarros Brüder lassen Diego de Almagro 1538 ermorden, dessen Anhänger töten dann am 26. Juni 1541 Francisco Pizarro in Lima.

# Zeittafel

## 1475

Vasco Núñez de Balboa wird bei Jerez de los Caballeros in Südspanien geboren.

## 1476 oder 1478

Francisco Pizarro González wird in Trujillo, in der spanischen Extremadura, geboren.

## Um 1479

Diego de Almagro el Viejo wird in Almagro geboren.

## 1501

Vasco Núñez de Balboa lässt sich als Schweinezüchter auf Hispaniola (Haiti) nieder.

## 1502

Pizarro siedelt von Spanien auf die Insel Hispaniola über. Zwei Jahre später folgt ihm Cortez.

## 1510

Vasco Núñez de Balboa segelt von Hispaniola zum amerikanischen Festland. Er gründet an der Westküste des Golfes von Urabá im heutigen Kolumbien eine Siedlung: Santa Maria de la Antiqua.

## 1513

Pizarro nimmt an der Entdeckungsreise Vasco Núñez de Balboas teil, die auf dem Landweg bis zum Pazifik vordringt.
Am 29. September gelangt Vasco Núñez de Balboa als erster Weißer an den Pazifik.

## 1519

Vasco Núñez de Balboa wird in Acla wegen einer angeblichen Verschwörung hingerichtet.
Pizarro geht nach Panama-Stadt und wird dort als Bürgermeister und Richter reich.

## 1529

Pizarro wird Generalkapitän von Peru.

## 1532

Pizarro trifft am 15. November bei Cajamarca auf den Inkaherrscher Atahualpa. Am nächsten Tag nehmen die Spanier ihn gefangen. Im August 1533 bringen sie ihn ums Leben.

## 1533

Die Inka-Hauptstadt Cuzco wird am 15. November von den Spaniern eingenommen.

## 1536

Diego de Almagro unternimmt einen erfolglosen Eroberungszug ins heutige Chile.

## 1537

Zwischen den Eroberern Pizarro und de Almagro kommt es zum Streit und nachfolgend zum Krieg.

## 1538

Die Gebrüder Pizarro nehmen Diego de Almagro in Cuzco, Peru, gefangen und lassen ihn am 8. Juli hinrichten.

## 1541

In Ciudad de los Reyes, dem heutigen Lima, wird Pizarro am 26. Juni von Anhängern Diego de Almagros umgebracht.

# Thaddäus Xaverius Peregrinus Haenke

(6.12.1761 – 1816)

## Schiffbruch im Silberfluss

„Montevideo“, seufzt Tadeo Haenke „endlich am Ziel“, als er im letzten Abendlicht die Hafeneinfahrt sieht. Ein warmer Wind streift über das Deck des Segelschiffes, die „Nuestra Señora del Buen Viaje“, die ihm nun seit 97 Tagen, seit der Abfahrt aus Südspanien eine Heimat war. 97 Tage an Bord des Seglers mit einem Kapitän, der dem Rum arg zugeneigt ist. Na ja, bald ist das vorüber und er hat die Zeit an Bord gut genutzt. Zum Studium seiner botanischen Bestimmungsbücher.

Am frühen Morgen wollen sie im Hafen von Montevideo anlegen. Er sieht vom Rio de la Plata aus die malerische Bucht und darüber den aus dem flachen Land sanft ansteigenden Hügel. Rio de la Plata – Silberfluss, denkt Haenke. Er glitzert schön im letzten Licht. Haenke reißt sich vom Anblick los. Er geht unter Deck, Zeit, um die letzten Sachen zusammenzusuchen und ein wenig Schlaf zu finden. Wenn es denn möglich ist, denn im Mannschaftslager lärmen die Matrosen. Sie feiern wohl schon die glückliche Ankunft.

Haenke schnürt sein Bündel fest zusammen, zieht sich aus, in Pyjama und Schlafmütze schaut er sich in der engen Kabine um. Er legt die Kleider auf einen Stuhl, das wichtigste Buch – Carl von Linnés „Systema Naturae“ – obendrauf, damit er es auf keinen Fall am nächsten Morgen vergisst, darauf noch die Papiere – Reisedokumente und die Empfehlungsschreiben. Einmal noch an Bord schlafen!, denkt er und legt sich in die enge, etwas feuchte Koje. Doch beides ist er inzwischen gewöhnt und so schläft er friedlich ein.

Paff! Mit einem Schwung fliegt er raus aus der Koje. Hart schlägt er auf dem Boden auf.

Was ist das? Wo ist er? Was ist passiert?

Es ist dunkel. Das Schiff knarzt und ächzt, es legt sich schief. Haenke tastet herum, findet Halt an einem Türgriff und zieht sich hoch. Schnell raus hier, denkt er. Er öffnet die Tür, die Nacht ist hell, etwas Licht fällt in seine Kabine. Schnell streift er Hemd und Hose über, hastet nach oben an Deck und klammert sich an der Reling fest. Das Schiff liegt schief, man hört das Holz des Rumpfes bersten. Offensichtlich ist es auf eine Klippe gelaufen.

Haenke hört Rufe von Matrosen. „Alle Mann von Bord.“

„Wo ist der Kapitän“, schreit einer. Keine Antwort.

„Lasst die Boote zu Wasser. Alle Mann in die Rettungsboote.“

„Aber meine Unterlagen. Ich muss …“

Haenke will zurück in die Kabine, aber ein Matrose stellt sich ihm in den Weg.

„Keine Zeit, mein Herr, Sie müssen sofort in ein Rettungsboot!“

Doch Haenke stößt ihn beiseite und rennt die Treppe hinunter unter Deck. Das Wasser reicht ihm bis zu den Knien. Und es steigt schnell. Das Schiff krängt und legt sich weiter schräg. Haenke rutscht in seine Kabine. Wo sind die Unterlagen. Er greift die Mappe mit den Papieren. Wohin damit? In die Hose? Da werden sie nass. Er nimmt die Schlafmütze, stopft die Papiere hinein und setzt sie auf. Schnell wieder an Deck. Das Wasser gurgelt um seine Oberschenkel.

Oben Durcheinander, Geschrei. Wo sind die Boote? Mühsam kämpft sich Haenke voran. Er zieht sich an der Reling entlang. Die Boote liegen bereits im Wasser.

Ein Matrose reicht ihm ein Tau. „Nehmen Sie das hier. Fest zupacken, mit beiden Händen. Lassen Sie sich langsam runter, dann können Sie sich ins Boot fallen lassen."

Ein Schlag, Haenke rutscht zur Bordkante, klammert sich mit beiden Händen am Tau fest und fällt mehr, als er springt, über Bord. Ins Boot. Jemand greift seinen Hemdkragen und hält ihn. Das Rettungsboot ist überfüllt. Es liegt zu tief im Wasser. Die einen rudern, die anderen schöpfen das Wasser raus, das über die Bordwand schwappt.

„Zugleich, zugleich", brüllt der Steuermann, der mit an Bord ist. „Und schöpfen!"

Gehorsam tauchen die einen die Ruder, die anderen Becher, Hüte und Hände ins Wasser. Das Boot schwankt und schaukelt, es taucht tief in ein Wellental, von vorn schlägt erneut Wasser hinein. Haenke schöpft das Wasser mit seinem Hut hinaus, sein Nebenmann nimmt den Schuh.

Hinter ihnen sind Lichter, das muss das rettende Ufer sein. Langsam rückt es näher. Zu langsam? Der Steuermann brüllt wieder: „Zugleich, zugleich, rudert, rudert!" Und sie rudern, rudern um ihr Leben. Endlich, ein Knirschen, ein Ruck. Sand unterm Bug, das Boot steht still. Geschafft.

Die Nacht des 23. November 1789 ist eine milde Frühlingsnacht auf der Südhalbkugel der Erde. Zwar ohne sein Gepäck, aber gesund und lebendig erreicht Thaddäus Xaverius Peregrinus Haenke die Stadt Montevideo. Ein erstes Ziel auf seiner langen Reise.

## Ein Wissenschaftler in Südamerika

Thaddäus Xaverius Peregrinus Haenke, auf Tschechisch Tadeáš Haenke, auf Spanisch meist Tadeo Haenke, wird am 6. Dezember 1761 als Sohn deutscher Eltern in Kreibitz (tsch. Chribská) in Böhmen geboren. Er studiert ab 1780 in Prag, dann in Wien Medizin, Chemie, Astronomie und Botanik.

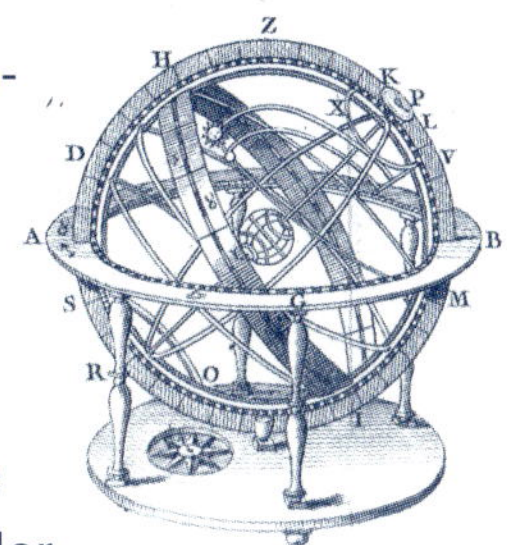

Kaiser Joseph II. empfiehlt ihn als begleitenden Wissenschaftler für die spanische Expedition von Alessandro Malaspina di Mulazzo, die ab 1789 den Pazifik und seine angrenzenden Küstenregionen erkunden soll. Landvermessung, die Sichtung etwaiger Bodenschätze sowie die Erkundung von Handelsmöglichkeiten sind einige der Ziele. In Cadiz, Südspanien, soll sich Haenke mit der Expedition einschiffen. Doch er kommt drei Stunden zu spät. Malaspina hatte den günstigen Wind genutzt und war bereits losgesegelt. Drei Stunden zu spät, Gründe dafür gab es reichlich.

Haenke war am 26. Juni 1789 in Wien in die Postkutsche gesprungen und hatte fünf Tage und Nächte ununterbrochen darin gesessen. Eine kurze Pause in Straßburg, dann weiter durch Frankreich nach Paris. Am 4. Juli trifft er dort ein. Es herrscht eine seltsam aufgeheizte Stimmung. Nervöse Menschen überall, das Königshaus in Versailles ist verschanzt, der Hofstaat versteckt, Menschenmassen auf den Straßen, überall auch Soldaten. Viele wollen weg aus der Stadt.

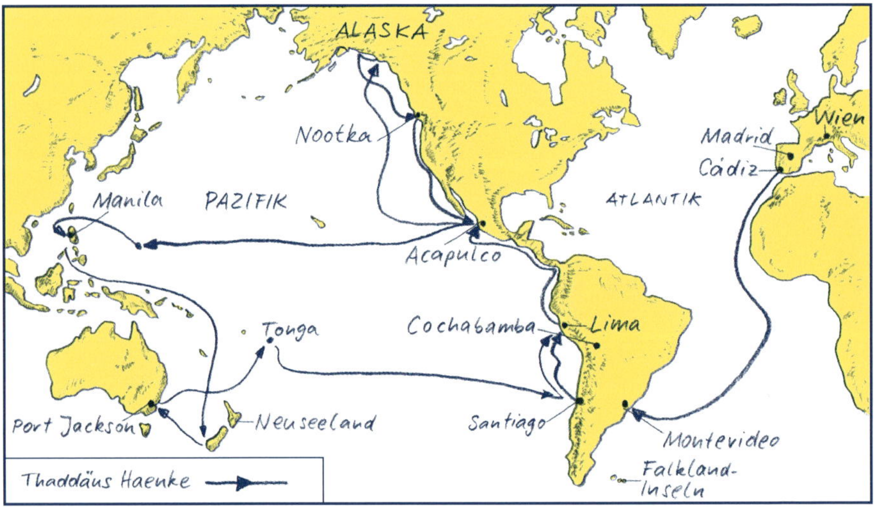


Nur mit Problemen bekommt er seine Weiterfahrt organisiert. Lange elf Tage braucht er von Paris bis Bayonne am Fuße der Pyrenäen und eine Depesche aus Paris erklärt, warum in Frankreich so rein gar nichts mehr funktionierte: Menschenmassen haben am 14. Juli in Paris erst ein Waffenlager der Armee geplündert, dann die Bastille gestürmt und Kommandanten getötet. Man spricht von Revolution.

Doch Haenke schafft es aus Frankreich heraus, nach Spanien, nach Madrid. Dort muss er länger warten und deshalb kommt er zu spät. Aber er hat Glück: Die spanische Regierung, der viel daran liegt, dass der Wissenschaftler die Expedition begleitet, besorgt ihm einen Platz auf der „Nuestra Señora del Buen Viaje“, einem Segelschiff, das am 19. August 1789 nachmittags Cadiz in Richtung Buenos Aires und Montevideo verlässt. Haenke hofft, Malaspina dort einzuholen. Doch die „Nuestra Señora“ geht kurz vor Montevideo unter. Haenke kann sich retten, wird aber erst einmal krank. Drei Wochen muss er das Bett hüten – und natürlich ist Malaspina schon weitergesegelt.

Was tun? Haenke beschließt, den Kontinent auf dem Landweg zu durchqueren. Er will Malaspina in Chile treffen. Auf Pferderücken und in Kutschen durchquert er die Pampa, die riesige, eintönige Ebene im Herzen Argentiniens, nur besiedelt von Herden wilder Pferde und Rinder. Menschen sind hier selten, und wenn man welche trifft, sind es oft verwegene Gestalten, oft auch solche, denen man lieber aus dem Weg gehen würde. Haenke ist mal in großer, mal in kleiner Gruppe unterwegs. An Poststationen werden die Pferde gewechselt, ein willkommener Aufenthalt in der eintönigen Reise. Haenke nutzt jeden Aufenthalt, um die ihm fremde Natur zu erkunden und Pflanzen zu sammeln. Er durchquert den Cuyo, die Wüstengebiete im Schatten der Anden, und steht schließlich vor deren Gipfeln. Vorbei an heißen Quellen steigt seine Reisegruppe voran, zu Pferd auf schwindelerregenden Pfaden. Sein Blick schweift nach Norden zum höchsten Berg Amerikas, dem Aconcagua. Der Anstieg ist steil, Haenke fühlt sein Herz rasen, die Luft wird knapp, der Kopf drückt. Endlich ist die Passhöhe auf 3700 Metern erreicht. Ein ewiger eisiger Sturmwind wütet hier und so beeilt er sich, auf chilenischer Seite abzusteigen. Am 2. April 1790 gelangt er nach Santiago de Chile, wo er Malaspina trifft. Im Gepäck hat Haenke da schon mehr als 1400 Pflanzen, die er unterwegs gesammelt hat.

Mehrere Tausend Pflanzen kommen auf der folgenden Forschungsreise dazu, außerdem Insekten und präparierte Tiere. Haenke untersucht die einheimischen Sprachen, besteigt Vulkane, erforscht Thermalquellen, Amazonaszuflüsse, besucht Silberbergwerke und entdeckt unter anderem am Amazonas die größte Seerose der Erde. Er reist mit Malaspina nach Mexiko, dann entlang der nordamerikanischen Küste bis nach Alaska und überquert den Pazifik, um die Philippinen zu erreichen. Er legt in Neuseeland und Australien an und plant, mit der Expedition nach Europa zurückzukehren, entscheidet sich aber 1793 anders: Als Malaspina im Herbst 1794 in Cadiz einläuft, ist Haenke nicht an Bord. Er hat das Schiff in Peru verlassen.

Haenke lebt fortan die meiste Zeit in Nordchile und Bolivien und lässt sich schließlich in Cochabamba, Bolivien, nieder. Er schreibt Briefe nach Europa.

*„Dieses Land, in dem ich mich aufhalte, ist nicht nur angenehm, sondern auch eines der gesündesten auf Gottes Erdboden, wo man fast das ganze Jahr hindurch einen beständigen Frühling genießt. Europa würde sich entvölkern, wenn sie dort von der Schönheit dieses Landes wüssten."*

In Cochabamba, wo Haenke mit einer Halbindianerin zusammenlebt – was nicht dem Ideal der Zeit entspricht –, gründet er die erste Apotheke Südamerikas; er gewinnt seine Heilmittel aus Pflanzen, die er in seinem Garten zieht. Er führt die Pockenimpfung in Südamerika ein – die Europäer hatten das Virus nach Südamerika eingeschleppt – und lernt die Arzneimittel der Indianer kennen. Und er macht den Norden Chiles reich. „Im Gebiet von Tarapacá findet man Gold- und Silberminen, Kupfer, Blei, Eisen, Schwefel, Mangan, Salpeter (Nitro) und Salze." Ihm gelingt es 1809 als Erstem, Natronsalpeter in Kalisalpeter umzuwandeln – der Kalisalpeter ist als unverzichtbarer Grundstoff zur Herstellung von Sprengstoff gesucht. Später wird entdeckt, dass Salpeter auch als Dünger einsetzbar ist, und er wird deshalb ein wichtiges Importprodukt für das sich industrialisierende Europa mit seiner schnell wachsenden Bevölkerung.

Haenke denkt zwar immer wieder an eine Rückkehr nach Europa, doch zieht ihn nichts wirklich zurück. Wenn überhaupt, will er nur mit niedergeschriebenen Forschungsergebnissen zurückkehren. Vielleicht sind die eigenen Ansprüche zu hoch – denn er veröffentlicht fast keine seiner umfangreichen Forschungsergebnisse. 1816 stirbt Haenke; wann, ist nicht genau bekannt.

Woran der reiselustige Gelehrte stirbt, ist ungeklärt. Es ist die Zeit der Unabhängigkeitskriege in Südamerika. Die südlichen La-Plata-Provinzen sind bereits unabhängig von Spanien, in Chile wird noch gekämpft, Peru und Bolivien sind Rückzugsgebiete der Spanier. Die Zeiten sind unsicher und Haenke ist beim spanischen Gouverneur von Cochabamba wegen seines Eintretens für die Indianer nicht beliebt. Angeblich arbeitet Haenke für die Befreiungsbewegung, angeblich werden Soldaten des Gouverneurs auf dem Weg zu Haenkes Finca gesehen, angeblich findet man Haenke danach tot. Anderswo wird berichtet, Haenke sei beim Goldwaschen gestorben, und die englische Zeitung *Morning Chronicle* schreibt am 30. September 1817, dass Haenke in einem spanischen Kerker gestorben sei.

Hinterlassen hat er nicht viel. Einige Reisetagebücher, Briefe, ein paar Aufzeichnungen, alles verfasst in einem Kuddelmuddel verschiedener Sprachen: Er mischt munter Deutsch, Spanisch, Französisch, Lateinisch und Italienisch in einer unleserlichen Handschrift.

# Zeittafel

## 1761

Thaddäus Xaverius Peregrinus Haenke (tschechisch Tadeáš Haenke, spanisch Tadeo Haenke) wird am 6. Dezember in Kreibitz (tsch. Chribská) in Böhmen geboren.

## Ab 1780

Studium der Medizin, Chemie, Astronomie und Botanik in Prag und Wien

## 1789

Beginn einer spanischen Expedition unter Alessandro Malaspina di Mulazzo, die den Pazifik und die angrenzenden Küstenregionen erforscht

## 1790

In Santiago de Chile trifft Haenke nach langen Wirren am 2. April auf die Expedition.

## 1794

Im Herbst kehrt Malaspina nach Spanien zurück. Haenke bleibt in Südamerika.

## 1793 bis 1810

Verschiedene Reisen durch Südamerika. 1804 besteigt Haenke vermutlich den Chimborazo in Ecuador. Er entdeckt die größte Seerose (später *Victoria regia* genannt) sowie die Heilwirkungen von Thermalbädern.

## 1809

Haenke gelingt es, Natronsalpeter in Kalisalpeter umzuwandeln, der zur Herstellung von Sprengstoff und Schießpulver sowie als Düngemittel gesucht ist.

## Ab 1810

Haenke lebt in Cochabamba, Bolivien. Er heiratet die Mestizin Sebastiana Orozco, wird Vater eines Sohnes, gründet die erste Apotheke Südamerikas und führt die Pockenimpfung ein.

## 1816

Haenke stirbt in Cochabamba; die Umstände seines Todes und das genaue Datum sind ungeklärt.

## Meriwether Lewis

(18.8.1774 – 11.10.1809)

## William Clark

(1.8.1770 – 1.9.1838)

# Allein im Indianerland

17. August 1805, nahe Great Falls im heutigen US-Bundesstaat Montana: Der Indianer, der vorneweg reitet, ist wohl der Häuptling. Er hebt den Arm. Der Trupp, etwa vier Dutzend Shoshonen, verharrt still. Wie Statuen sitzen sie auf ihren Pferden, allerdings hellwach und aufmerksam. Stumm. Halb nackt, mit ledernen Leggins und Mokassins. Manche tragen lederne Riemen um die Brust. Sie warten und schauen.

Indianer. Seit Tagen rechnet Meriwether Lewis damit, welche zu treffen. Nun ist der Moment da, der erhoffte und gefürchtete. Wie werden sie reagieren? Feindlich? Er muss handeln. Er gibt der alten Indianerin, die seinen kleinen Trupp begleitet, zwei Decken, ein paar Spiegel und Glasperlen und schickt sie vor. Sie nähert sich langsam dem Häuptling. Sie redet, zeigt auf die Geschenke. Sie weist lächelnd hinter sich, wo Lewis und seine drei Begleiter warten. Lewis senkt sein Gewehr. Er weiß: Jetzt ist der richtige Moment. Langsam steigt er vom Pferd. Er dreht sich kurz zu seinen Begleitern um.

„Wartet hier, ich gehe allein."

Lewis nimmt die Flagge mit den 15 Sternen und Streifen und hebt sie hoch. Langsam und vorsichtig nähert er sich den Indianern. Er geht sehr aufrecht, den Blick stolz nach vorn – niemand kann und soll sehen, wie es in ihm aussieht. Vieles geht ihm durch den Kopf. Sind die Indianer beeindruckt von den Geschenken? Kennen sie überhaupt Weiße? Haben sie jemals vor ihm welche gesehen. Oder haben sie gar schon mit anderen gehandelt?

Er weiß es nicht. Er weiß aber, dass das weitere Schicksal der Expedition davon abhängt, wie sich die Shoshonen verhalten werden.

Seit einigen Tagen sind sie zu viert unterwegs. Als Vorhut. Die anderen kommen unter der Führung von William Clark hinterher. Die anderen? Nicht einmal drei Dutzend Männer, also weniger als die Indianer, die ihnen jetzt gegenüberstehen und die nicht unerwartet kommen. Lewis hat sie gesucht, seit Sacagawea, die Shoshonen-Frau seines Dolmetschers, während des Rittes plötzlich aufgeregt anhielt. Sie sagte, dass sie den Bergrücken dort am Horizont kenne. Dort würde ihr Volk im Sommer leben.

Daraufhin ritten Lewis und drei Männer voraus, allein. Um die Indianer zu suchen, Gespräche mit ihnen zu führen und zu verhandeln. Über das Recht, durch ihr Land zu ziehen, über den Kauf von neuen Pferden, die sie benötigen werden. Denn über die schneebedeckten Berge, die hier aufragen, werden sie es ohne Reit- und Lasttiere nicht schaffen. Sie sehen einen Indianer von Weitem, hoch zu Pferde, dann treffen sie die alte Indianerin in einer Schlucht. Sie geben ihr zu essen und eines der Packpferde und gemeinsam reiten sie weiter.

Lewis ist nervös. Langsam geht er weiter. Auch die Indianer kommen näher. Der Häuptling steigt vom Pferd. Er geht auf Lewis zu. Seine Krieger verharren.

„Ah-hie-e“, sagt er und dann noch einmal: „Ah-hie-e.“

Captain Meriwether Lewis guckt verwirrt. Er versteht die Worte nicht, er schaut zu der Alten. Die lächelt erneut ihr zahnloses Lächeln. Lewis lächelt ebenfalls. Dann der Häuptling. Alle lächeln. Und – er legt den linken Arm auf Lewis’ rechte Schulter, zieht ihn an sich und drückt seine Wange an die des Weißen.

„Ah-hie-e“, sagt er erneut und Lewis weiß, was er machen muss.

Er sagt ebenfalls „Ah-hie-e!“.

Erst viel später erfährt er, dass das so viel wie „ich bin sehr erfreut“ bedeutet.

Die Indianer setzen sich. Vorher ziehen sie ihre Mokassins aus. Lewis weiß nicht, was das soll, macht es ihnen aber nach. Die Stiefel runter. Die Indianer lächeln erneut, denn für sie ist das Barfußsitzen wichtig: Es bezeugt die Ernsthaftigkeit ihrer Freundschaft. So zeigen sie, dass sie immer barfuß laufen müssten, sollten sie es nicht ehrlich meinen; eine harte Strafe, wenn man, wie sie, durch das scharfkantige Gras der Prärie wandert.

Lewis teilt Geschenke aus: Die Shoshonen sind besonders von den blauen Perlenschnüren und dem Zinnober begeistert. Er schenkt dem Shoshonen-Häuptling auch die amerikanische Flagge, das „star spangled banner", und erklärt ihm ihre Bedeutung: Die Fahne sei das Zeichen des Friedens unter den weißen Männern.

Sie rauchen gemeinsam, reden, mehr mit Händen und Füßen als mit Worten. Der Häuptling heißt Cameahwait. Lewis zeigt nach Westen und schaut fragend. Wie es dort wohl aussieht? Cameahwait zeichnet eine Linie in den sandigen Boden: Ein Fluss, denkt Lewis, der daneben zusammengeschobene Sand soll wohl die riesigen, mit ewigem Eis bedeckten Berge andeuten, durch die sich der Fluss hindurchwindet. Der Häuptling zeigt senkrecht aus dem Fluss herausragende Felsen, eine enge Schlucht, entlang der kaum ein Weg führe. Kalt ist es dort oben, schließt Lewis, schließlich schlägt der Indianer, als würde er frösteln, die Arme um sich. Er zeigt aber auch, dass es weiter nördlich einen Weg durch die Berge gäbe. Von dort würde ein Fluss Richtung Sonnenuntergang, also nach Westen, strömen, der irgendwann in ein großes Wasser münde, das schlecht schmecke.

Lewis merkt auf. Wasser, das schlecht schmeckt. Das muss Salzwasser sein! Ein Fluss, jenseits der Berge, der zum Meer führt. Jetzt kann er sich den Weg vorstellen. Mehr noch: Er weiß nun, dass er sein Ziel erreichen wird: Nordamerika von Osten nach Westen zu durchqueren – eine Route vom Atlantik zum Pazifik zu finden, quer durch den Kontinent.

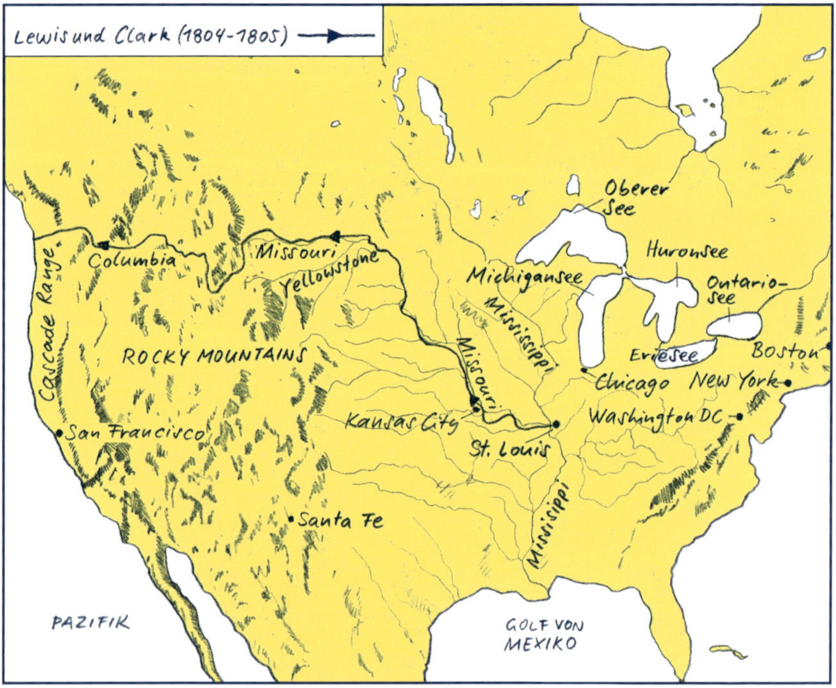


# Go West – mit dem Boot quer durch Amerika

Eine Route vom Atlantik zum Pazifik zu finden, quer durch das große Land. Am besten eine, die per Boot zu befahren ist. Das ist das Ziel der Expedition, die am 14. Mai 1804 von Camp Dubois am Zusammenfluss von Missouri und Mississippi nahe der Stadt St. Louis loszieht.

Ein Jahr zuvor, 1803, haben die USA im Westen ihres Territoriums, das am Mississippi endet, ein gigantisches Stück Land gekauft. Louisiana heißt das Gebiet, das sie von Frankreich erwerben und das wesentlich größer als der heutige Bundesstaat Louisiana ist – es umfasst etwa eine Viertel der gesamten heutigen USA.

Das Land kaufen, ist das eine – es wirklich in Besitz bringen, etwas anderes. Deshalb verlangt Präsident Thomas Jefferson vom Kongress, dem Parlament der USA, 2500 Dollar, damit „ein intelligenter Offizier, mit zehn oder zwölf ausgesuchten Männern, die ganze Frontlinie erforschen (könnte), wohl bis zum westlichen Weltmeere“. So könne man außerdem den Anspruch auf den Besitz des Landes allen anderen Mächten klarmachen.

Denn Interesse an Nordamerika haben auch andere Staaten. Von England haben sich die USA gerade in einem blutigen Unabhängigkeitskrieg befreit, aber wer garantiert, dass die Engländer nicht versuchen, an der Ostküste des Kontinents erneut eine Kolonie zu gründen? Die Franzosen erforschen Teile des unbesiedelten Landes und auch die Spanier haben ein Auge auf den Westen Nordamerikas geworfen.

Statt *eines* „intelligenten Offiziers“, von dem Jefferson sprach, führen schließlich zwei den Trupp an. Es ist der 1774 geborene Meriwether Lewis, der Privatsekretär von Thomas Jefferson, der sich William Clark (geboren 1770) zu seinem Partner wählt. Sie suchen sich ihre Leute. 33 Menschen gehören fest zum Expeditionscorps, dazu kommen einige, die sie nur stückweise begleiten.

In einem 17 Meter langen, schwer beladenen Kielboot und zwei kleineren Pirogen schippern sie den Missouri aufwärts. Es ist eine Reise ins Unbekannte: Sie kennen den Ausgangspunkt, St. Louis, und wissen ungefähr, wo ihr Ziel ist. Der Ort, wo der Columbia River in den Pazifik mündet, ist bekannt, dazu noch eine Handvoll Indianerdörfer im Norden am Missouri. Aber was liegt dazwischen? An hohe Berge glaubt man nicht, man ist optimistisch und hofft, dass es irgendwo eine große, leicht zu befahrende Wasserstraße gäbe.

Doch die Fahrt ist mühsam: Sie können kaum segeln, oft müssen sie gegen die Strömung anrudern, noch viel öfter die Boote vom Ufer aus flussaufwärts ziehen. Die Boote drohen, zu kippen oder auf Sandbänke aufzulaufen. Es ist feucht und heiß oder feucht und kalt. Die Lebensmittel verderben, glücklicherweise führt der Missouri sie bald in Regionen, in denen Abertausende von Büffeln grasen.

Im August 1804 treffen sie auf die ersten Indianer. Es ist ein friedlicher Kontakt.

*„Sie scheinen ernstlich zu wünschen, mit der ganzen Welt in Frieden leben zu können",*

notiert Patrick Gass, einer der Expeditionsteilnehmer in seinem Tagebuch. Was er hier über die Omaha schrieb, gilt nicht für alle Indianervölker: Die Sioux, das größte Volk am Unterlauf des Missouri, wollen sich den Weißen nicht so einfach unterwerfen. Es kommt zwar nicht zu Kämpfen mit der Expedition, doch die Atmosphäre ist oft gespannt.

Im November 1804 baut sich die Expedition ein kleines Holzfort: Fort Mandan liegt in der Nähe von Washburn im heutigen North Dakota. Hier wollen sie den Winter verbringen. Es ist bitterkalt; die Jäger erleiden Erfrierungen an Händen und Füßen. So sitzen sie die meiste Zeit in den Blockhütten, reparieren Bootsteile und die Segel, nähen neue Kleidung und Schuhe und Lewis und Clark arbeiten an ihren Berichten für den Präsidenten. Denn im Frühjahr soll ein Bote zurückgesandt werden.

## Mit letzter Kraft zum Ziel

Am 7. April 1805 ist es wieder so weit. Die Boote werden erneut bepackt. Neu in der Truppe sind der frankokanadische Waldläufer Toussaint Charbonneau, seine Shoshonen-Frau Sacagawea sowie deren zwei Monate alter Sohn Jean Baptiste. Charbonneau und Sacagawea werden als Übersetzer dienen.

Erneut ist der Weg mühsam. Das Wasser des Flusses ist immer noch eisig, Stromschnellen zwingen dazu, die Boote auszuladen und die gefährlichen Stellen zu umgehen. Im Juni 1805 sind die *Great Falls,* die großen Wasserfälle des Missouri, erreicht, fünf Fälle, die den Booten den Weg versperren. Also ausladen, die Boote ans Ufer ziehen. Jetzt muss alles von den Männern über glitschige Uferfelsen geschleppt werden. Einen Monat brauchen sie allein, um die Wasserfälle zu umgehen, und danach tun sich neue Probleme auf: Der Lauf des Missouris ist nicht mehr so gut zu bestimmen. Von überall ergießen sich Flüsse und Flüsschen in den Missouri. Welcher ist nun der Wasserlauf, der sie weiter nach Westen führt? Weiter geht es bergauf; und eines ist klar: Die schneebedeckten Gipfel werden nicht so leicht zu überwinden sein. Ohne Pferde ist das unmöglich.

Und dann erkennt Sacagawea, die Shoshonen-Frau ihres Dolmetschers, plötzlich die Gegend wieder. Lewis zieht aus, um die Shoshonen zu treffen, und als die Expedition und die Indianer zusammenkommen, passiert, was kaum zu glauben ist. Sacagawea und Häuptling Cameahwait erkennen sich: Sie sind Geschwister.

Die Shoshonen verkaufen den Weißen die Pferde und ein indianischer Führer geleitet sie in die Rocky Mountains. Steile Berge hinauf, entlang atemberaubender Schluchten, durch enge Täler. Schnee fällt, der Wald verschwindet unter ihnen, das Wild ebenfalls. Die Männer hungern, sie essen ihre Pferde und erreichen mit allerletzter Kraft Ende September 1805 ein Dorf der *Nez-Per-*

*cés*-Indianer, wo sie zum Essen einen Fisch serviert bekommen. Der Lachs gibt Kraft, Mut und Sicherheit. Denn nun wissen die Männer, dass sie dem Pazifik nahe sind – von dort müssen die Fische den Flusslauf hinaufgewandert sein.

Sie bauen fünf Kanus und fahren am 7. Oktober weiter. Endlich geht es schnell vorwärts, auf dem Snake und dem Columbia River. Einen Monat später ist der Pazifik fast erreicht.

„Ozean in Sicht", schreibt Clark in sein Tagebuch. „Oh! Diese Freude." Clark ist so begeistert, dass er sich sogar verschreibt: Statt „Ocean" (englisch Ozean) steht im Original „Ocian".

Einen Winter verbringen die Weißen an der Mündung des Columbia River. Am 23. März 1806 beginnt der Rückweg; ein halbes Jahr später, am 23. September 1806, treffen sie wieder in St. Louis ein. Lewis schreibt dem Präsidenten Thomas Jefferson:

*„Sir, Ihren Anordnungen gemäß haben wir den Kontinent von Nord-Amerika bis zum Pazifischen Ozean durchquert."*

**Meriwether Lewis und William Clark werden rasch zu nationalen Helden. Erstmals hat eine Expedition die Vereinigten Staaten durchquert – ein wichtiger Schritt auf dem Weg, eine Nation zwischen Atlantik und Pazifik zu schaffen. Lewis wird zum Gouverneur des Louisiana-Gebietes ernannt, stirbt aber schon 1809 – ob Mord oder Selbstmord, das bleibt ungeklärt. Clark wird 1813 Gouverneur des neuen Missouri-Gebietes. Er stirbt 1838.**

# Zeittafel

## 1770

William Clark wird am 1. August im Caroline County, Virginia, als neuntes von zehn Kindern geboren.

## 1774

Meriwether Lewis wird am 18. August in Ivy, Albemarle County, Virginia, geboren.

## 1776

Am 4. Juli erklären sich die Vereinigten Staaten für unabhängig von der englischen Krone. Die Unabhängigkeit wird von 1775 bis 1783 in einem blutigen Krieg mit dem Mutterland verteidigt.

## 1792

Clark wird Leutnant in der Armee. Vier Jahre später quittiert er seinen Dienst.

## 1801

Lewis wird Privatsekretär von US-Präsident Thomas Jefferson. Er plant die Vorbereitung der Expedition zum Pazifik. 1803 fragt er Clark, ob er an der Expedition teilnehmen will.

## 1804

Unter dem Kommando von William Clark starten am 14. Mai 33 Männer von Camp Dubois. Sie treffen sich mit Meriwether Lewis in Saint Charles nahe des Zusammenflusses von Missouri und Mississippi.

## 1804

Die Expedition überwintert ab November in Fort Mandan nahe Washburn im heutigen North Dakota.

## 1805

Die Expedition erreicht am 7. November den Pazifik.

## 1806

Beginn der Heimreise am 23. März nach St. Louis, wo man am 23. September 1806 eintrifft.

## 1806

Lewis wird zum Gouverneur des 1803 von den Franzosen erworbenen Louisiana-Territoriums mit Sitz in St. Louis ernannt.

## 1807

Clark wird Inspektor für Indianische Angelegenheiten im Louisiana-Territorium.

## 1809

Meriwether Lewis stirbt am 11. Oktober in Tennessee während einer Reise nach Washington D. C.

## 1813

Clark wird Gouverneur des neu gebildeten Missouri-Territoriums.

## 1838

William Clark stirbt am 1. September in St. Louis.

# Durch Afrika

„Dieses Land ist trefflich weit und breit und sehr heiß. Es liegt zum größten Teil zwischen dem Wendekreis des Krebses und dem des Steinbocks, wo die größte Hitze herrscht und wo weder Mensch noch Vieh leben mag, sondern nur Schlangen und andere schädliche Tiere, die dem Menschen keinen Zugang lassen."

Es ist nicht viel, was Sebastian Münster über Afrika weiß. Der Gelehrte, der im 16. Jahrhundert in seiner „Cosmographia" die gesamte Erde beschrieb, konnte bei den Kapiteln über Europa, Asien und auch Amerika auf zahlreiche Reiseberichte zurückgreifen. Afrika dagegen war noch weitgehend unbekannt. Zwar waren die Portugiesen entlang der Westküste des Kontinents gesegelt und hatten auch schon das Kap der Guten Hoffnung umfahren, aber ins Innere des Kontinents hatten sie sich kaum vorgewagt. Nur einzelne Händler waren wagemutig genug gewesen.

Das hatte mehrere Gründe: Zum einen nahmen die Portugiesen den Kontinent vor allem als Hindernis auf dem Weg nach Indien wahr, das möglichst schnell umsegelt werden musste. Zum anderen war die Natur nicht einladend. Im Norden erstreckt sich die riesige Wüste Sahara, die im Mittelalter zwar von arabischen Karawanen und Berbern durchstreift wurde und deren Rand am Mittelmeer bekannt war. Einzelne Karawanenstraßen und Routen führten schon damals durch sie hindurch, doch die kannten – wie auch die vereinzelten Oasen – nur gute einheimische Führer. Die westafrikanische Küste ist zudem nur wenig durch Halbinseln und kleinere Buchten gegliedert. So machte eine starke Meeresbrandung den Schiffen das Anlanden schwer. Und auch die Flüsse boten nur wenig Möglichkeiten, das Landesinnere zu erkunden, da sie häufig Stromschnellen oder große Sumpfgebiete aufwiesen oder in den zentralafrikanischen Regenwald hineinführten.

Und hatten nicht schon die antiken Schriftsteller behauptet, das Klima in Afrika sei lebensfeindlich? Ptolemäus meinte, dass die Menschen in Höhlen Zuflucht nehmen müssten, da sonst ihre Haut schwarz verbrenne. Zwar konnten die ersten Seefahrer das nicht bestätigen, aber ihre Berichte waren auch nicht ermutigend: Tropische Hitze überall, extreme Trockenheit an einem Ort, sturzflutartige Niederschläge während der Regenzeit anderswo, dazu Fieber in den Sumpfwäldern, andere unbekannte Krankheiten wie Malaria, Gelbfieber, Schlafkrankheit oder Amöbenruhr – Krankheiten, gegen die kein Schiffsarzt irgendein Mittel kannte.

Hinzu kam: In den Kolonien Asiens und vor allem (Süd-)Amerikas war für die europäische Mächte mehr zu holen. Aus Südamerika landeten Schiffsladungen mit Gold und Silber in Spanien und Portugal an – warum sollten sich die beiden größten Kolonialmächte um den sogenannten schwarzen Kontinent bemühen? England rang mit Spanien um die Vorherrschaft in der Karibik und hatte genug mit seinen Kolonien in Nordamerika zu tun.

Die Niederländer segelten nach Südostasien und die Franzosen engagierten sich ebenfalls in Nordamerika. Doch Ende des 18. Jahrhunderts änderte sich das. Die Vereinigten Staaten in Nordamerika sagten sich von der englischen Krone los und erkämpften sich ihre Unabhängigkeit. In der Folge befreiten sich auch die Länder Südamerikas von ihren jeweiligen Kolonialmächten (die meisten von Spanien, das im Europa unter der Herrschaft Napoleons auch keine wichtige Rolle mehr spielte). Jetzt wuchs das Interesse der verbleibenden Kolonialmächte, vor allem Englands, an Afrika. Die systematische Erforschung des Kontinents begann.

Zunächst kamen die Forscher, die Abenteurer und Missionare. Sie wollten die weißen Flecken auf den Landkarten tilgen und sie waren vor allem am Verlauf und den Quellen der großen Flüsse Afrikas interessiert, des Nigers, des Kongos und des Nils, sowie daran, die Wüste und ihre sagenumwobenen Orte wie Timbuktu zu ergründen.

Auf der Suche nach den Quellen von Nil und Kongo drangen **David Livingstone**, **Henry Morton Stanley** und andere weit ins Innere Afrikas ein – sie fanden riesige Seen und Wasserfälle, staunten über schneebedeckte Gipfel am Äquator und durchdrangen Urwälder. Und immer wieder stießen sie an den Rand der großen Wüste, die den Kontinent im Norden bedeckt. Hier reisten **Heinrich Barth**, Gerhard Rohlfs, René Caillié und Gustav Nachtigal auf den Spuren der Karawanen. Sie lebten mit den Nomaden und besuchten als erste Europäer die geheimnisvolle Stadt Timbuktu.

Neben dem geografischen Interesse waren einige der frühen Forscher – wie beispielsweise David Livingstone – auch als Missionare tätig. Ihnen folgten die Händler und mit ihnen kamen die Kolonialmächte. Sie versuchten in einem Wettlauf untereinander, ihre Einflussgebiete und den günstigen Zugang zu Rohstoffen, wie beispielsweise Elfenbein oder Kautschuk, zu sichern, und schufen große Kolonialreiche.

# David Livingstone

(19.3.1813 – 1.5.1873)

# Henry Morton Stanley

(28.1.1841 – 10.5.1904)

# „Finden Sie Livingstone!“

Paris, 28. Oktober 1869

## „Kommen Sie sofort nach Paris. Bennet.“

Keine Anrede, kein Gruß. So stand es im Telegramm und er war sofort aufgebrochen. Wenn James Gordon Bennet Jr., der Herausgeber des „New York Herald“, einen ruft, dann rennt man besser los. Sofort, lässt alles stehen und liegen und kommt. Auch aus Madrid. Zumal das Telegramm bis dahin drei Wochen brauchte.

Doch nun lässt James Gordon Bennet Jr. ihn hier warten, hier in der Lobby des Hotels. Schon eine Stunde. Ihn, Henry Morton Stanley – wohl um ihm zu zeigen, wer hier der Chef ist. Aber das ist nicht schlimm, herumgestoßen hat man ihn schon oft in seinem Leben. Das ist er gewohnt und es hat ihn hart gemacht. In Wales geboren, Vater unbekannt, erst Pflegefamilie, danach Waisenhaus. Dort gequält, verprügelt, verstoßen. Mit 16 Jahren hatte er auf der Straße gelebt, dann angeheuert auf einem Schiff, nein einem Seelenverkäufer, nach New Orleans.

Und nun sitzt er im weichen Sessel in einem Hotel in Paris.

„Mr Stanley, bitte. Mr Stanley, Mr Stanley, bitte.“

Zum dritten Mal ruft der Mann an der Rezeption seinen Namen. Stanley schreckt auf.

„Ja?“

„Mr Bennet erwartet Sie jetzt, Sir!“

„Sir“, das hörte sich gut an. Schickes Hotel, etwas snobistisch, aber luxuriös. Teppiche, in denen man bis über die Knöchel versinkt. Treppenstufen aus Marmor. Ah, hier, Suite 306.

Stanley klopft an die Mahagonitür.

„Herein." Noch ehe er die Klinke in der Hand hat, wird die Tür von innen geöffnet.

„Ah, Stanley." Bennet sitzt auf einem Sessel ganz am anderen Ende des Raumes.

„Mr Bennet."

„Kommen Sie näher, kommen Sie näher. Charles, bringen Sie unserem Gast etwas zu trinken. Whisky?"

Langsam, zögernd durchquert Stanley den Raum. Was will Bennet von ihm? Warum bietet er ihm etwas zu trinken an? Normalerweise ist er nicht der Höflichste, eher im Gegenteil. Kurz angebunden, kommandierend. Wie viele Leute hat er schon einfach so rausgeschmissen?

„Wollen Sie sich nicht setzen, Stanley!" Selbst Fragen hören sich bei Bennet wie Befehle an.

„Hören Sie. Stanley, ich erzähle Ihnen wahrscheinlich nichts Neues. Sie sind im Moment mein bester Mann. Was Sie über den Einmarsch der Engländer in Abessinien geschrieben haben, war große Klasse. Sie lassen sich nicht so schnell ins Bockshorn jagen."

Nein, das lässt sich Stanley wirklich nicht. Dafür hat er zu viel erlebt. Im amerikanischen Bürgerkrieg hatte er für die Süd-, dann für die Nordstaaten gekämpft, er war Schiffsschreiber gewesen und hatte sich 1866 nach New York getraut. Er war durch alle Vorzimmertüren hindurchgestürmt ins Büro von Mr James Gordon Bennet Jr., dem das so imponiert hatte, dass er ihn beim „New York Herald" einstellte. Und damit hatte seine Journalistenkarriere begonnen.

Während Stanley versucht, bescheiden zu wirken, und Bennet noch hinzufügt „Doch, doch das war große Klasse", wird der Whisky gebracht.

„Zum Wohl."

„Zum Wohl."

Beide nehmen einen guten Schluck.

„Sie fragen sich bestimmt, warum ich Sie herbeordert habe." Ohne eine Antwort abzuwarten, fährt Bennet fort. „Was wissen Sie über Dr. David Livingstone?"

„Das, was jedermann weiß. Und wahrscheinlich ein bisschen mehr. Arzt, Missionar, Kämpfer gegen die Sklaverei. Entdecker. Auf der Suche nach der Nilquelle. Verschollen seit …", Stanley überlegt eine Moment. „Offiziell seit 1866, aber man hat 1868 noch was von ihm gehört. Und es gibt unbestätigte Berichte von einem Weißen, der irgendwo am Tanganjikasee lebt. Könnte Livingstone sein."

„Ja, dann ist es einfach. Ihr Auftrag: Finden Sie Livingstone! Egal was es kostet. Nehmen Sie 1000 Dollar, und wenn die verbraucht sind, noch einmal 1000 Dollar. Und wenn die weg sind, noch einen Tausender. Und wenn der – Sie wissen schon: Finden Sie Livingstone!"

Wenn Henry Morton Stanley überrascht ist, dann lässt er es sich zumindest nicht anmerken. Er hebt sein Whiskyglas, schaut seinen Chef über das Glas hinweg an, nimmt einen Schluck und sagt:

## „ICH WERDE DR. LIVINGSTONE FINDEN."

# Dr. Livingstone – ein Arzt wird Entdecker

Als Henry Morton Stanley am 10. November 1871 mit seinem riesigen Tross von 190 afrikanischen Trägern im Dorf Ujiji am Ostufer des Tanganjikasees eintrifft, ist schnell der ganze Ort auf den Beinen. Eine solch große Expedition hat hier noch niemand gesehen. Einen weißen Mann dagegen schon, am Ortsrand lebt ja einer. In einer ärmlichen Hütte. Einer, der sich bettelnd durchschlägt.
„Ein Weißer. Ein alter Mann?" Stanley ist wie elektrisiert, als er davon erfährt. Er eilt mit einem Dutzend Männer zum Dorfrand. Vor einer winzigen Hütte sieht er einen weißen Mann sitzen. Er nähert sich langsam. Der Alte steht mühsam auf.

„Dr Livingstone, I presume." – „Dr. Livingstone, wenn ich mich nicht irre."

Ob der Satz wirklich so gefallen ist oder ob ihn sich Henry Morton Stanley später nur ausgedacht hat, ist nicht verbürgt. Er klingt jedoch gut und ist ein Musterbeispiel dafür, was gemeinhin als „englisches Understatement" gilt: eine ruhige, gelassene Reaktion auf ein außergewöhnliches Ereignis. Und: Er drückt die Hochachtung aus, die Stanley, der Zeitungsreporter, für den weltberühmten Forscher empfand. Ein Mann, der Jahrzehnte seines Lebens der Erforschung Afrikas gewidmet hatte.

Dr. David Livingstone ist Arzt und Missionar und kommt 1840 mit 27 Jahren nach Südafrika. Inwieweit er wirklich Menschen zum Christentum bekehrt, ist nicht bekannt, doch macht er sich schnell als Forscher und Entdecker einen Namen. Er durchwandert 1849 die Kalahariwüste im südlichen Afrika und gelangt 1851 bei Sesheke an den Oberlauf des Sambesis.

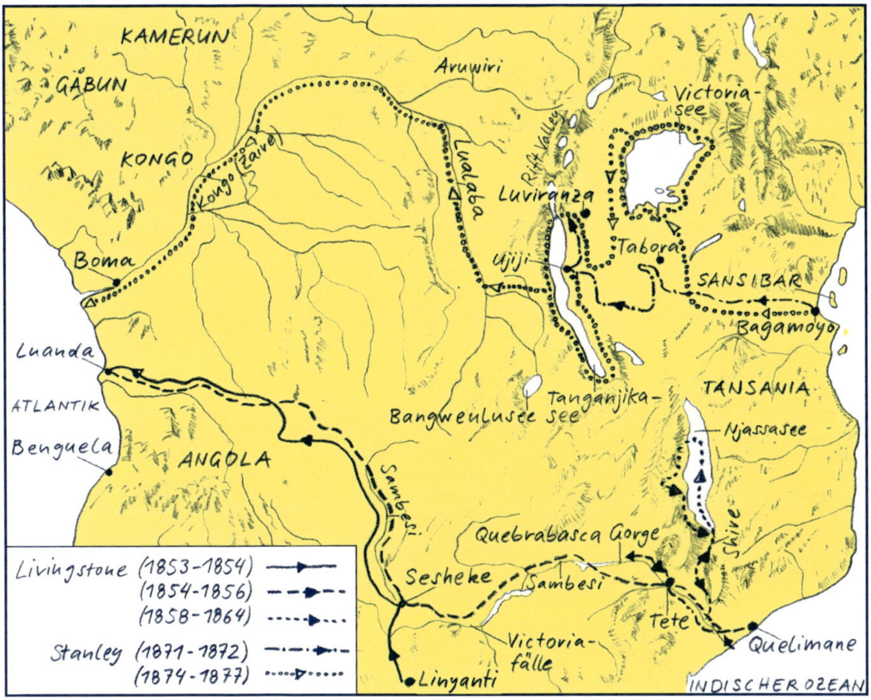


1853 beginnt er die Reise, die ihn bei den Geografen berühmt machte: Sie führt ihn quer durch Afrika. Startpunkt ist Linyanti an der heutigen Grenze zwischen Botswana und Namibia. Er reist den Sambesi flussaufwärts und schlägt sich danach quer durch das Land, durch tiefe Wälder und Sümpfe bis an die Atlantikküste durch. Als er im Mai 1854 in Luanda (heute Angola) ankommt, ist Livingstone sterbenskrank: Malaria. Die Portugiesen – das Land ist damals portugiesische Kolonie – päppeln ihn auf und im September 1854 macht sich Livingstone wieder auf den Rückweg. Ein Jahr dauert es, bis er wieder in Linyanti ankommt.

Von dort beschließt er, dem Sambesi flussabwärts zu folgen und steht am 17. November 1855 staunend vor „dem Rauch, der donnert“. So nennen die Einheimischen die Wasserfälle des Sambesis, die Livingstone zu Ehren der englischen Königin „Victoriafälle“ tauft. Auf einer Breite von über 1700 Metern stürzt das Wasser des Stromes 110 Meter in die Tiefe, so tief, dass Livingstone schrieb:

*„Ich glaube, dass niemand sehen kann, wohin die Wassermasse geht; sie schien sich in der Erde zu verlieren, da die gegenüberliegende Seite des Spaltes, in der sie verschwand, nur 80 Fuß [ca. 26 Meter] entfernt war. Wenigstens konnte ich es mir nicht erklären, bis ich voll Scheu bis an den äußersten Rand kroch und in einen großen Spalt schaute, der von einem Ufer des Sambesis bis zum anderen reichte; da sah ich, dass der Strom etwa 1000 Ellen breit war und 100 Fuß tief hinunterstürzte.“*

Livingstone folgt zunächst dem Sambesi flussabwärts, dann reist er aber weiter über Land und erreicht schließlich bei Quelimane (Mosambik) den Indischen Ozean. Als erster Europäer ist es ihm gelungen, Afrika zu durchqueren.

In Großbritannien wird er gefeiert und seine Reiseberichte werden Bestseller. Livingstone sieht Afrikas Flüsse als „Gottes Straßen ins Landesinnere“ und die britische Regierung gibt ihm den Auftrag, den unteren Sambesi zu erforschen. Sein Ziel: den Fluss bis zu den Victoriafällen durchgehend zu erkunden. Doch bald sieht er, dass „Gottes Straßen“ nicht so einfach zu befahren sind. Im unteren Sambesi gibt es zahlreiche Stromschnellen, sodass der Fluss nicht schiffbar ist. So fährt er einen Nebenarm des Sambesis, den Shire, Richtung Norden und gelangt dort als erster Europäer an den Njassasee (heute Malawisee).

Von dieser Expedition kommt Livingstone 1864 nach England zurück. Für ihn war die Reise ein totaler Misserfolg. Der Sambesi ist nicht befahrbar, zudem hat er sich mit einigen seiner Weggefährten zerstritten. Und der schlimmste Schlag für ihn: Am 27. April 1862 stirbt seine Frau, Mary Livingstone, die er unterwegs hatte treffen wollen, am Fieber.

*„Das war der erste heftige Schlag, den ich erlitten habe",* notiert er. *„Er nimmt mir die Kraft."*

Trotz oder vielleicht gerade wegen des vermeintlichen Misserfolges verlässt er bereits im Herbst 1865 erneut England und schifft sich nach Ostafrika ein. Sein Ziel ist diesmal klar definiert: Er soll im Auftrag der Royal Geographical Society (der königlichen geografischen Gesellschaft) die Quellen des Nils finden.

## Die Quellen des Nils

Der größte Strom Afrikas, der Nil, faszinierte die Entdecker schon lange. Die ungeheuren Wassermassen – die Lebensader einer der ältesten Hochkulturen, der Ägypter –, wo hatten sie ihren Ursprung? Ab Mitte des 18. Jahrhunderts zogen immer wieder, vor allem britische, Expeditionen aus, die Nilquellen zu finden.

So bestieg beispielsweise der Schotte James Bruce (1730–1794) 1768 ein Boot in Kairo. Nach langen Wirren konnte er endlich nach Abessinien (heute Äthiopien) reisen und stand am 14. November

1770 am Tanasee. Hier entspringt ein Fluss – allerdings ist es der Blaue Nil, der nicht der eigentliche Quellfluss des Stromes ist, sondern nur ein größerer Nebenfluss.

Andere Entdecker wollten ebenfalls die Nilquellen finden: 1857 reisten Richard Francis Burton (1821–1890) und John Hanning Speke (1827–1864) gemeinsam nach Ostafrika. Sie mochten sich nicht, waren eifersüchtig aufeinander, stritten sich um den Ruhm und darum, wer die Expedition anführen durfte. Von Sansibar aus schlugen sie sich nach Westen durch. Am 13. Februar 1858 gelangten sie an den riesigen Tanganjikasee. Speke zog von dort allein weiter, weil Burton krank war, und erreichte am 3. August den Victoriasee, den größten afrikanischen See.

Nach ihrer Rückkehr nach England ging der Streit weiter: Wo liegt die Nilquelle? Burton behauptete, im Tanganjikasee, während Speke auf den Victoriasee setzte. Speke war näher dran: Der Tanganjikasee entwässert nach Westen und ist somit einer der Quellflüsse des Kongos und der Victoria-Nil fließt tatsächlich aus dem Victoriasee nach Norden. Von Westen hat der See aber Zuflüsse und einer dieser Zuflüsse, der Luvironza (oder Ruvironza), gilt heute als der Quellfluss des Nils. Er entspringt am gleichnamigen 2700 Meter hohen Berg in Burundi, etwa 45 Kilometer östlich des Tanganjikasees, und seine Quelle wurde 1893 vom österreichischen Geograf Oscar Baumann entdeckt.

*Ein Nilkrokodil ernährt sich von Fischen, frisst aber auch große Säugetiere, die es unter Wasser zerrt und ertränkt.*

Doch das ist 1865 noch nicht klar und so sendet die britische Königliche geografische Gesellschaft David Livingstone aus, die Quellen des Nils zu finden. Livingstone erkundet die Ufer des Njassasees und des Taganjikasees, entdeckt die kleineren Seen Mewru und Bangweulu, aber insgesamt steht seine Expedition unter keinem guten Stern: Die Träger verlassen ihn, er selbst erkrankt und 1871 findet er sich verlassen und isoliert in Ujiji, einem Ort am Ostufer des Tanganjikasees, wieder, wo ihn Stanley dann am 10. November 1871 trifft.

Livingstone und Stanley verstehen sich gut. Der Reporter bewundert die Erfahrung des Forschers, dieser den unbekümmerten Schwung des anderen. Mit seiner Energie und Zähigkeit scheint Stanley alles möglich zu sein. Doch bald trennen sich ihre Wege. Livingstone will die Suche nach den Nilquellen nicht aufgeben; Stanley muss zurück nach England.

Während Stanley dort nach anfänglichen Anfeindungen große Triumphe mit seinem Buch „Wie ich Livingstone fand" feiert, irrt Livingstone an den Ufern des Bangweulusees (Sambia) herum, um dort die Nilquellen zu finden. Sein Gesundheitszustand verschlechtert sich immer mehr und schließlich stirbt er am 30. April 1873 im Dorf Chitambo.

## H. M. Stanley – ein Journalist zwingt zum Gehorsam

Die Nachricht von Livingstones Tod erreicht England erst im Frühjahr 1874; und vielleicht ist sie der Auslöser, dass Stanley sich erneut nach Afrika aufmacht. Er ist der Leiter einer gemeinsam von zwei Zeitungen, dem britischen „Daily Telegraph" und dem amerikanischen „Herald", finanzierten angloamerikanischen Expedition. 999 Tage dauert diese, von 1874 bis 1877. Stanley durchquert mit seinen Männern unter großen Strapazen Zentralafrika. Er umrundet den Victoriasee und zeigt, dass der Lualaba der Quellfluss des Kongos ist. Insgesamt legt er fast 11.000 Kilometer zurück. Von seinen weißen Gefährten überlebt keiner und am Ende der Expedition, bei seiner Ankunft in Boma, an der Mündung des Kongos, ist Stanley zwar erst 36 Jahre alt, doch weißhaarig.

Später, 1887 bis 1889, führt er noch eine Expedition zur Rettung des Deutschen Emin Pascha (Eduard Schnitzer) an, der im Süden des Sudans eingeschlossen ist.

Obwohl Stanley große Entdeckungen macht, ist sein Ruf als Entdecker doch umstritten. Als Anführer der Expeditionen ist er hart zu sich selbst und sehr hart zu seinen Untergebenen. Er gebärdet sich wie ein General, schont weder Material noch Männer – und so wundert es nicht, dass zahlreiche seiner Mitstreiter auf den Reisen den Tod finden.

Wo die Einheimischen ihn nicht freiwillig unterstützen, setzt er Zwang ein, sein rücksichtsloses Vorgehen bringt ihm den Beinamen „Bula matari“ – „Felsenbrecher“ – und seinen Truppen den Namen „Wazungu wakali“ – „widerwärtige Weiße“ – ein. Außerdem schließt er im Auftrag des belgischen Königs Leopold II. Verträge mit den Stammesfürsten und Häuptlingen entlang des Kongoflusses, in denen diese den Boden und die Arbeitskraft der Bewohner Leopold II. überschreiben. Diese Verträge, die die Einheimischen nicht lesen können, dienen später als Rechtfertigung für die brutale koloniale Ausplünderung des Kongos durch die belgische Krone.

# Zeittafel

## 1813
David Livingstone wird am 19. März in Blantyre bei Glasgow geboren.

## 1841
Livingstone kommt als Missionar nach Südafrika.

## 1841
Henry Morton Stanley wird am 28. Januar als John Rowlands in Denbigh, Wales, geboren.

## 1849
Livingstone entdeckt den Ngamisee.

## 1850
Livingstone gelangt an den Sambesi.

## 1854
Livingstone befährt den Sambesi und gelangt schließlich nach Luanda.

## 1855

Livingstone entdeckt die Victoriafälle.

## 1858–1864

Livingstones zweite große Forschungsreise durch Zentralafrika

## 1860

Burton und Speke suchen die Quellen des Nils.

## 1861–1865

Stanley kämpft im amerikanischen Bürgerkrieg zunächst auf Seiten der Süd-, dann auf Seiten der Nordstaaten.

## 1866

Livingstone startet seine Suche nach den Nilquellen.
Ab etwa 1868 gilt er als verschollen.

## 1867

Stanley wird Journalist beim „New York Herald".

## 1871

Stanley beginnt im März seine Expedition zur Rettung Livingstones. Er trifft Livingstone am 10. November in Ujiji.

## 1873

David Livingstone stirbt am 1. Mai in Chitambo am Bangweulusee.

## 1874–1877

Stanley durchquert Afrika. Er lässt sich dabei den Kongo hinab bis nach Boma treiben.

## 1879

Stanley befährt zum zweiten Mal den Kongo.

## 1887–1889

Stanley führt eine Expedition zur Rettung von Emin Pascha durch.

## 1893

Der österreichische Geograf Oscar Baumann findet die Quellen des Nils.

## 1904

Henry Morton Stanley stirbt am 10. Mai in London.

# Heinrich Barth

(16.2.1821–25.11.1865)

## Der getarnte Gelehrte

7. September 1853: Das breite blaue Band des großen Flusses liegt hinter ihm. Er reitet nach Norden. Spärliches Grün, dann beginnt die große Wüste. Die Sonne brennt. Sie flimmert über der Ebene, taucht alles in ein fahles Licht und lässt die Konturen verschwimmen. Nichts hebt sich vom blassen Hintergrund ab, die wenigen krüppeligen Bäume verschwimmen im diffusen Einerlei aus Pastelltönen. Am Horizont tauchen erste Gemäuer auf. Braune, erdige Lehmbauten.

Jetzt wird es ernst. Der Reiter ist nervös. Er wickelt seinen blauen Turban fester um den Kopf und zieht das Halstuch weit über Mund und Nase nach oben, nur die Augen sind noch zu sehen. Verräterische Augen. Verräterisch, weil sie hell sind. Sie erzählen jedem, dass der Mann auf dem Pferd nicht von hier stammt, sondern aus den Ländern des Nordens.

Doch Heinrich Barth kann und will nicht mehr zurück. Timbuktu, die sagenumwobene Stadt am Südrand der Sahara, liegt vor ihm, lange schon Ziel seiner Wünsche. Seit Generationen träumen europäische Forscher von dieser Stadt, die aber bislang den Christen verschlossen blieb. Deshalb der Turban, deshalb die Maskerade. Für seine Reisegefährten heißt Barth Abd el Kerim („Diener des Gnädigen") und ist ein türkischer Moslem, der dem obersten Korangelehrten von Timbuktu und Anführer der Tuareg, Scheich Sidi Ahmad al-Baqqai, wertvolle Bücher aus Mekka bringt.

Ein letztes Zögern, dann gibt Barth seinem Pferd entschlossen die Sporen. Frechheit siegt. Nicht untertänig in die Stadt einziehen, sondern mit erhobenem Haupt. Die Zügel lässt er schießen, die Flinte schwenkt er über dem Kopf. Furchtlos galoppiert er seinen Begleitern voraus. Ein verwegener Krieger mit blauem Turban zieht da in die Stadt. Glücklich darüber, dass die Reisestrapazen vorbei sind. So sieht es jedenfalls für die Einheimischen aus. Auf helle Augen achtet da niemand.

Doch bald macht ein Gerücht die Runde: „Ein Ungläubiger ist in Timbuktu.“ So tuschelt man in den Gassen, so schwirrt die Nachricht über die Marktplätze. So verbreitet es El Hamadi, der Herrscher der Fulbe, die mit den Tuareg um die Vorherrschaft in der Stadt streiten. Er soll 17 Jahre zuvor den letzten Christen, der nach Timbuktu kam, erschlagen haben. Meist wird eine Aufforderung mit der Nachricht verbunden: „Tötet ihn. Tötet den Ungläubigen. Tötet den Eindringling in der Stadt.“

Zunächst weiß niemand, wer der Ungläubige ist, und Barth flüchtet sich in den Palast von Scheich Sidi Ahmad al-Baqqai. Der verspricht ihm Schutz.

„Tötet den Ungläubigen. Tötet den Eindringling. Tötet ihn“, tönt es um den Palast. So rät man es dem Scheich am Morgen, so rät man es ihm am Mittag und am Abend.

„Liefert ihn aus. Schickt ihn aus der Stadt. Übergebt ihn uns. Tötet den Ungläubigen.“

# Die Metropole in der Wüste

Über 300 Jahre vor Heinrich Barth besuchte ein anderer Fremder Timbuktu: Al-Hasan ibn Mohammed al-Wassan. Er reiste angeblich im frühen 16. Jahrhundert von der marokkanischen Stadt Fes aus in die Sahara, durchstreifte die Wüste und gelangte im Jahr 1510 an der Südgrenze der Sahara in eine Stadt nahe des Flusses Niger: Timbuktu. Später fiel Al-Hasan in die Hände von Seeräubern, die ihn in Rom als Sklaven an den päpstlichen Hof verkauften. Dort ließ er sich taufen und verfasste unter dem Namen Leo Africanus etwa 1525 eine „Beschreibung Afrikas“, die bald in ganz Europa staunend gelesen wurde. Denn in ihr heißt es über Timbuktu:

*„Die Einwohner und vor allem die Fremden, die sich dort niedergelassen haben, sind sehr reich. Und zwar so reich, dass der derzeitige König seine beiden Töchter mit wohlhabenden Händlern verheiratet hat. Der König hat einen großen Schatz von Goldmünzen und Goldbarren. Einer von ihnen wiegt 970 Pfund.“*

Leo Africanus berichtete von prächtigen Moscheen und großen Gebäuden, von berittenen Kriegern, die vergiftete Pfeile verschießen, von Händlern, die in riesigen Kamelkarawanen Waren aus dem Orient und Europa anliefern, von Süßwasserquellen und fruchtbaren Ländereien südlich der Stadt. Und er schrieb: „In Timbuktu leben viele Gelehrte, Vorbeter und Richter, die der König alle unterhält; er achtet die gebildeten Männer sehr. Hier werden auch viele Bücher verkauft, die alle handgeschrieben sind. Wer Bücher herbeischafft, verdient daran mehr als am Rest seiner Ware.“

Heute weiß man nicht, was an Leo Africanus' Reisebericht wirklich stimmt, was überhaupt von ihm selbst geschrieben wurde und was andere – Übersetzer und Herausgeber – dazudichteten. Doch das ist einerlei – jahrhundertelang löste sein Bericht in Europa Staunen und Bewunderung aus. Man träumte sehnsüchtig von der prächtigen Metropole am Südrand der Sahara.

Deshalb schrieb die französische geografische Gesellschaft 1824 einen Preis für den ersten Europäer aus, der Timbuktu besucht. Das war nicht ungefährlich, gehörte die Stadt doch zum Königreich Marokko und nur Moslems war das Betreten der Stadt gestattet – ja, Andersgläubige konnten, wagten sie es, dafür sogar zum Tode verurteilt werden. Angeblich hatte noch nie ein Christ die Stadt betreten.

Dennoch finden sich zwei Abenteurer, die es versuchen wollen. Der Schotte **Alexander Gordon Laing** und der Franzose **René Caillié**, der als Matrose auf englischen Kanonenbooten vor der westafrikanischen Küste kreuzt. Der hört dort erstmals von Timbuktu und dem Preis und sein Entschluss steht fest: „Ich werde der Erste sein."

1827 bricht Caillié in Westafrika auf. Er reist mit vier Lastträgern und einem einheimischen Führer und gibt sich als Vorsichtsmaßnahme als ägyptischer Moslem aus. Die kleine Truppe kämpft sich durch die Wälder in Sierra Leone und Guinea, die Männer leiden wegen der falschen Ernährung an Skorbut und werden von Fieberkrämpfen geschüttelt. Caillié fürchtet die ganze Zeit, dass seine Tarnung als falscher Moslem trotz der arabischen Gewänder und trotz seines gewissenhaften Sprachstudiums auffliegt. Schließlich reist er mit einer Karawane nach Djenne (Mali). Von dort aus sind es nur noch 300 Kilometer auf dem schiffbaren Niger nach Timbuktu.

Am 20. April 1828 erreicht er die Wüstenstadt – fast anderthalb Jahre zu spät. Denn Alexander Gordon Laing ist bereits am

13. August 1826 eingetroffen – über die Wüstenroute von Tripolis aus. Laing wird allerdings auf dem Rückweg nach Marokko am 26. September 1826 in Arouane erschlagen.

René Caillié bleibt nur zwei Wochen in Timbuktu. Die meiste Zeit in seinem Haus, zitternd vor Angst, dass seine Maskierung durchschaut wird. Das wenige, was er von der Stadt sieht, enttäuscht ihn: Timbuktu ist nicht länger ein Knotenpunkt von Handelsrouten. Ernüchtert schreibt er in sein Notizbuch:

*„Ich hatte mir von Timbuktu völlig falsche Vorstellungen gemacht. Nichts war geblieben von Pracht und Reichtum. Nur eine Ansammlung armseliger Lehmhäuser. Wohin ich auch blickte – endloser Treibsand."*

*Blick über Timbuktu Mitte des 19. Jahrhunderts, im Hintergrund eine der typischen Lehmmoscheen*

## Todesangst in Timbuktu

Cailliés Bericht erstaunt die Europäer. Einfache Lehmhäuser und staubige Straßen haben sie nicht erwartet. Sie wollen ihre Vorstellungen von einer reichen Stadt bestätigt bekommen. Deshalb glaubt man nicht, dass er wirklich in Timbuktu gewesen sei. Caillié stirbt 1838 und erst 16 Jahre nach seinem Tod werden seine Schilderungen bestätigt.

Und zwar von **Heinrich Barth**, der sich ab September 1853 in Timbuktu aufhielt. Er schreibt:

*„Die Stadt hat teils regelmäßige, teils gewundene Straßen; Letztere sind nicht gepflastert, einige haben einen Rinnstein in der Mitte, um den beträchtlichen Wassermassen, welche sich bei bedeutenden Regenfällen von den Dächern der Häuser in die Straßen ergießen, einen besseren Abzug zu verschaffen."*

Er beschreibt die Enge in der Stadt, notiert getreulich, wie viele Häuser aus Lehm es gibt (980) und wie viele einfache Hütten aus Bastmatten (einige Hundert). Die meisten Häuser hätten nur ein Stockwerk, dafür aber einen Innenhof, um das sich das Gebäude gruppiere, viele aber auch ein zweites, oft mit nur einem, recht offenen Raum.

*„Dieses Dachzimmer ist der Lieblingsaufenthalt vieler Bewohner Timbuktus, da es luftig und infolgedessen kühl ist."*

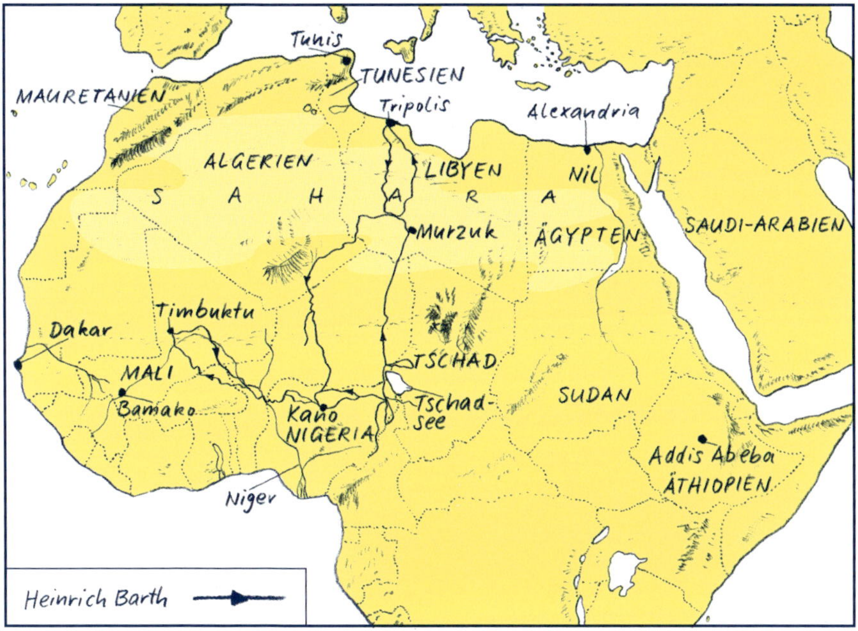


Sieben Monate lebt Heinrich Barth in Timbuktu. Und zwar immer in Todesangst. Zwar hat ihm der Tuaregscheich und oberste Korangelehrte der Stadt, Sidi Ahmad al-Baqqai, Schutz versprochen, doch garantieren kann er Barth nichts. Denn Sidis Position ist selbst unsicher. Die Tuareg und die Fulbe streiten um die Vorherrschaft über Timbuktu, keiner will dem anderen Terrain überlassen und Barth ist auch ein Spielball zwischen ihnen. Barth zieht aus dem Palast in Sidis Zeltlager vor der Stadt, dort gut beschützt von Soldaten, dann wieder zurück in den Palast, immer getarnt und verkleidet und voller Furcht, von den Häschern des Fulbeherrschers El Hamadi gefasst zu werden. Er streicht durch die Gassen, redet mit Schriftgelehrten und dem Volk, schaut sich immer wieder nervös um, ob er nicht verfolgt wird, studiert alte Schriften, macht sich Notizen und wechselt sicherheitshalber alle paar Tage seinen Aufenthaltsort.

Bei seinen Streifzügen durch die Stadt erkennt Barth, dass Timbuktu zwar groß und bedeutsam ist, aber längst nicht mehr so wichtig wie zu Zeiten des Leo Africanus: Damals kreuzten sich hier zwei der wichtigsten Handelstraßen Afrikas. Aus dem Norden kamen die Karawanen durch die Wüste gezogen, auf dem nahe gelegenen Fluss tummelten sich die Boote, beladen mit dem Gold Westafrikas. Den Händlern folgten damals die Gelehrten. Eine Viertelmillion Einwohner soll Timbuktu damals gehabt haben, darunter 25.000 Studenten an Koranschulen, so viele, wie die Stadt zu Barths Zeit insgesamt an Einwohnern zählt.

Erst im April 1854 kann Barth Timbuktu wieder verlassen und kehrt auf Umwegen über Tripolis, Malta und Marseille nach London zurück. Von dort war er mehr als sechs Jahre zuvor im Auftrag der britischen Regierung und der Royal Geographical Society aufgebrochen.

Heinrich Barths Reisen durch die Wüste zum Tschadsee und bis nach Timbuktu tilgen die weißen Flecken auf den Landkarten Nordafrikas. Aber Barth ist eigentlich weniger Entdecker; er ist vielmehr ein Wissenschaftler, der sich mit Kultur und Geschichte der afrikanischen Völker beschäftigt. Barth legt beispielsweise Wort- und Grammatikverzeichnisse von mehr als 40 afrikanischen Sprachen an und er ist einer der ersten Wissenschaftler, der den Afrikanern mit einer ungewöhnlichen Unvoreingenommenheit entgegentritt und ihnen eine eigene Geschichte und Kultur zugesteht.

Zu Lebzeiten werden Barths Forschungen nicht sehr geschätzt. Er hat Schwierigkeiten, eine akademische Stelle zu bekommen. Eigentlich sucht er auch ein anderes Leben. Ein freies Forscherleben ohne die Zwänge von Universitäten und europäischen Großstädten. In einem Brief schreibt er:

*„Wie sehne ich mich nach einem freien Nachtlager in der Wüste, wo, ohne Ehrgeiz, ich mich, im Hochgenuss der Freiheit nach Beendigung des Tagesmarschs, auf meine Matte zu strecken pflegte; um mich meine Habe, meine Kamele, mein Pferd."*

# Zeittafel

## 1821

Heinrich Barth wird am 16. Februar in Hamburg geboren.

## 1839–1844

Barth studiert Geschichte, Philologie, Altertumskunde, Germanistik, Erdkunde, Archäologie und römische Literatur in Berlin.

## 1844

Promotion mit einer Dissertation über die Handelsbeziehungen des antiken Korinth

## 1845–1847

Erste Mittelmeer- und Afrikareise, die ihn von Marokko bis Ägypten führt. Archäologische Forschungen zur Antike

## 1849

Aufbruch zur großen Afrikareise mit James Richardson und Adolf Overweg. Sie führt ihn von Tripolis über Agadez, Kano, Kanem und Sokoto bis Timbuktu und zurück.

## 1853/54

Siebenmonatiger Aufenthalt in Timbuktu

## 1854
Rückkehr nach Europa, Barth geht zunächst nach London.

## 1857
Barth veröffentlicht sein fünfbändiges Werk „Reisen und Entdeckungen in Nord- und Centralafrika, in den Jahren 1849 bis 1855“ auf Deutsch und Englisch. Das Werk wird ein wissenschaftlicher Erfolg, hat aber anders als die meisten Entdeckerberichte keinen Erfolg beim normalen Publikum.

## 1858
Barth zieht nach Berlin um. Er wird Präsident der „Gesellschaft für Erdkunde in Berlin“ und fördert eine Reihe von Afrikaforschern.

## 1858–1862
Barth bereist Kleinasien, Griechenland und Bulgarien sowie Spanien, Italien und die Alpen.

## 1863
Barth erhält eine außerordentliche, aber nicht bezahlte Professur in Berlin.

## 1865
Heinrich Barth stirbt am 25. November in Berlin.

# Ins ewige Eis, hoch hinauf und tief hinab

Vier Ziele gibt es auf der Erde, die nur dank ihrer geografischen Lage für Entdecker reizvoll sind: Der Nord- und der Südpol, der tiefste und der höchste Punkt der Erde. Sie waren jahrhundertlang unerforscht und sie galten als unbezwingbar.

Im Süden suchten die Seefahrer lange den legendären, schon von antiken Schriftstellern vermuteten Südkontinent. Da die Natur nicht unvernünftig sei – so die griechischen Denker –, müsse auch im Süden der Erde ein riesiges Stück Land sein, als Gegengewicht zu der großen Landmasse im Norden. Diese Vorstellung bestimmte lange das Bild der Welt; auch die Kartografen der frühen Neuzeit wie Gerhard Mercator zeichneten selbstverständlich einen riesigen Südkontinent in ihre Karten ein. Ohne die „Terra Australis incognita“ war keine Karte denkbar.

Ab Mitte des 18. Jahrhunderts drangen immer mehr Schiffe immer weiter nach Süden vor – so James Cook, als er 1773/74 bis zum 71. südlichen Breitengrad segelte und dort auf Treibeis stieß. Es waren wissenschaftliche Expeditionen, aber auch Robben- und Walfangboote, die hier riesige Fänge machten. 1908 gelangte eine Expedition, geführt von Ernest Shackleton, bis auf 150 km an den errechneten Südpol heran, dann kam es 1911 zu dem Wettlauf zum Pol zwischen dem Norweger Roald Amundsen und dem Briten Robert Falcon Scott.

Roald Amundsen ist der erste Mensch am Südpol; am 14. Dezember 1911 erreicht er, gezogen von Hundeschlitten, die Südspitze der Erde. Er hisst die norwegische Flagge und eilt mit seinen vier Kameraden zurück. Nur sechs Wochen später gelangt am 18. Januar 1912 eine englische Expedition unter Robert Scott an das große Ziel. Doch von dieser Expedition kehrt niemand lebend zurück; Scott stirbt vermutlich am 29. März 1912. Eine weitere Expedition findet die Toten 1913 nur 20 km vom nächsten Basislager entfernt.

Im Norden hatten die Entdecker hingegen andere, konkretere Ziele: Sie suchten eine Durchfahrt in den Pazifik – eine Nordwestpassage, die um Amerika herum den Weg nach Asien verkürzen sollte. Zu lange dauerte der Weg um Afrika herum nach Asien, zu weit war auch die Route durch die Magellanstraße zwischen Südamerika und Feuerland oder um Kap Hoorn am Südzipfel Feuerlands.

Die Nordpolarregionen sind Anfang des 19. Jahrhunderts noch weitgehend *Terra incognita*, unbekanntes Gebiet. 1818 bricht John Ross auf, um die Durchfahrt zu finden. Er scheitert, wie auch seine Nachfolger. 1845 segelt der Engländer John Franklin zum dritten Mal in die arktische Inselwelt Nordamerikas. Weder er noch sein Schiff werden je wiedergesehen. Elisha Kent Kane versucht 1853 bis 1855, den Pol zu erreichen, Isaac Israel Hayes 1860. Die Deutschen Karl Koldewey und Paul Friedrich Hegemann nähern sich ihm 1869 bis auf 1400 Kilometer. Eine österreichisch-ungarische Forschungsreise unter Leitung von Carl Weyprecht und Julius von Payer lässt sich 1872 bis 1874 nach Norden treiben und entdeckt dabei Franz-Josef-Land.

Im Jahre 1893 hat der Norweger Fridtjof Nansen eine gute Idee: Er lässt sich ein Schiff bauen, die „Fram", einen Segler, der nicht vom Packeis zerdrückt wird. Dank seiner Stärke und der besonderen Form, die an ein Ei erinnert, hält das Schiff den Druck lange aus und schiebt sich zudem auf das Eis hoch. Mit ihm will er sich im Packeis einschließen lassen und durch die Eisdrift zum Nordpol gelangen. Nansens Plan funktioniert: Die „Fram" treibt langsam vorwärts, und als Nansen denkt, er sei nah genug am Pol, versuchen er und einer seiner Männer, Hjalmar Johanssen, ab März 1895 den nördlichsten Punkt der Erde auf Skiern zu erreichen. Bei 86° 10' nördlicher Breite müssen sie umkehren. Sie überwintern in einer Steinhütte auf Franz-Josef-Land. Vor Hunger müssen sie ihre Hunde essen. 1896 werden beide von einem britischen Forschungsschiff gerettet.

1897 lässt der Schwede Salomon August Andrée den Fesselballon „Adler" bauen und versucht, sich von Spitzbergen aus zum Nordpol treiben zu lassen. Etwa 800 Kilometer vor dem Pol müssen Andrée und seine beiden Gefährten notlanden. Sie erfrieren. Im Jahr 1900 nähert sich eine italienische Expedition unter Kapitän Umberto Cagni dem Pol bis auf 390 Kilometer. Es schien also nur eine Frage der Zeit zu sein, wann der erste Mensch dort stand. Aber wer war der erste? Frederick A. Cook, der behauptete, am 21. April 1908 den Nordpol erreicht zu haben? Oder **Robert Edwin Peary**, der angeblich am 6. April 1909 dorthin gelangte?

Nach den Polen blieben nur noch zwei scheinbar unerreichbare Ziele: der höchste Gipfel der Erde und der tiefste Punkt des Meeres.

Die Geburtsstunde des Bergsteigens schlägt angeblich am 26. April 1336. Damals besteigt – so beschreibt er es selbst – der italienische Dichter Francesco Petrarca den 1912 Meter hohen Mount Ventoux in der französischen Provence. Natürlich haben vor ihm schon Menschen Berge erklettert, Petrarca ist aber der erste, der es – wie er in einem Brief schreibt – „lediglich aus Verlangen, die namhafte Höhe des Ortes kennenzulernen", tut. Bis dahin haben Jäger auf der Pirsch oder Hirten Berge bestiegen, Truppen und Händler die Alpen überschritten. Nie aber sind sie aus freiwilligem Antrieb hinaufgekraxelt, allein aus Neugierde.

Mitte des 18. Jahrhunderts beginnt die Erkundung und Erforschung der Alpen. Forscher besteigen die Berge, um dort Pflanzen, Gletscher, die Temperaturen und die Gesteinsformen zu untersuchen. 1786 erklettern der Arzt Michel-Gabriel Paccard und sein Begleiter Jacques Balmat den Mont Blanc, den mit 4810 Metern höchsten Gipfel der Alpen. 1802 versuchen Alexander von Humboldt, Aimé Bonpland und Carlos Montúfar den 6310 Meter hohen Chimborazo in Ecuador zu besteigen. Sie gelangen bis auf eine Höhe von zirka 5600 Meter (nach eigener Schätzung 5900 m). 1852 wird dann im Himalaya der höchste Berg der Erde vermessen. Der auf Nepali Sagarmatha („Stirn des Himmels") und auf Tibetisch Qomolangma („Mutter des Universums") genannte, 8848 Meter hohe Berg wird von den Engländern später Mount Everest getauft – nach dem Ingenieur George Everest, der in Indien und Nepal die Landvermessung leitete. Ihn zu besteigen, versuchen viele, darunter in den 1920er-Jahren auch mehrfach der Brite George Mallory. Er gab auf die Frage, warum er sich diese Strapazen antue, warum er den Berg unbedingt besteigen wolle, die letztgültige Antwort eines Bergsteigers: „Weil er da ist!" Bergsteigen ist sinn- und zweckfrei, man tut es, weil man Lust dazu hat.

Im Juni 1924 startet Mallory seinen dritten und letzten Versuch, den Everest zu bezwingen. Doch der Berg scheint sich zu wehren. Die Kälte, die eisigen Sturmwinde und die Höhe machen den Männern zu schaffen. Am 8. Juni 1924 startet George Mallory mit seinem Freund Andrew Irvine zum Gipfel. Sie benutzen Sauerstoffgeräte, haben die halbe Nacht an ihnen herumgebastelt, damit sie in der Höhe und Kälte einigermaßen funktionieren. Vom fünften Lager auf 7700 Meter Höhe aus beobachtet Noel Odell, wie sich Mallory und Irvine dem Gipfelgrat nähern. Es ist das letzte Mal, dass man Mallory und Irvine lebendig sieht. Sie kehren nie zurück. Bis heute ist nicht geklärt, ob Mallory den Gipfel erreicht hat. Eine Suchexpedition fand 1999 Mallorys Leiche, aber nicht die seines Begleiters Irvine und auch nicht die Kamera der beiden. Nur die mit ihr geschossenen Fotos könnten eine Erstbesteigung eindeutig beweisen.

Der Everest wird erstmals am 29. Mai 1953 von dem Neuseeländer **Sir Edmund Hillary** und dem Nepalesen **Tenzing Norgay** erklommen.

Dem tiefsten Punkt der Erde war man ebenfalls lange auf der Spur. Ferdinand Magellan ließ bei seiner Weltumsegelung 1521 ein 700 Meter langes Seil ins Meer absinken. Es berührte keinen Boden. Das ist nicht verwunderlich, gehören doch mehr als zwei Drittel des Meeres zur sogenannten Tiefsee, in der das Meer über 800 Meter tief ist und in dessen lichtlosem Raum extreme Lebensbedingungen herrschen. Es gibt dort aber Leben: 1818 gelingt es dem englischen Forscher John Ross mit einer Art Greifvorrichtung, Wurm- und Quallenarten aus 2000 Meter Tiefe zu fangen. 1898/99 erforscht die deutsche Valdivia-Expedition mit dem Zoologen Carl Chun die Tiefsee. Sie finden selbst in Tiefen von über 4000 Metern noch Fischarten.

Bis 1930 erfolgt die Tiefseeforschung ausschließlich von Booten aus. Per Echolot werden die Meerestiefen ermittelt – ein Ton wird ausgesandt und dann der zurückkommende Schall wieder aufgefangen. Erst 1930 tauchen William Beebe und Otis Barton in einer Stahlkugel mit Bullauge, der Bathysphere, bis 435 Meter in die Tiefe. Sie sehen dort Quallen und Garnelen.

Am 23. Januar 1960 stellen schließlich der Schweizer **Jacques Piccard** und der US-Amerikaner **Don Walsh** mit dem Tauchboot „Trieste" im Marianengraben im Westpazifik den bis heute immer noch gültigen Tieftauchrekord auf. Sie erreichen eine Tiefe von 10.916 Metern.

# Robert Edwin Peary

(6.5.1856 – 20.2.1920)

## Ein Mann verwirklicht seinen Traum

*„Endlich der Pol! Der Preis von drei Jahrhunderten! Mein Traum und Ziel seit 20 Jahren. Endlich mein! Ich kann es noch nicht begreifen. Es scheint alles so einfach und selbstverständlich."*

Sechs Sätze, notiert auf einem Zettel, angeblich am 6. April 1909, eingelegt in ein Tagebuch. Sechs Sätze, die der Verfasser im Bewusstsein schreibt, eine große historische Tat vollbracht zu haben. Robert E. Peary behauptet, am 6. April 1909 als erster Mensch den Nordpol erreicht zu haben.

Robert E. Peary lässt von seinen Mitstreitern zwei Iglus bauen und darauf die amerikanische Flagge hissen, sein Diener Matthew Henson und die vier Inuit-Schlittenführer rufen dreimal donnernd „hoch", dann packt er einen Zettel in eine Flasche und steckt sie in eine Eispyramide. Auf diesem Papier heißt es: „Ich habe heute die Staatsflagge der Vereinigten Staaten von Amerika an dieser Stelle gehisst, die nach meinen Beobachtungen die nordpolare Achse der Erde ist, und habe im Namen des Präsidenten der Vereinigten Staaten förmlich von der ganzen Umgegend Besitz ergriffen." Er lässt sich und die Männer vor der Eispyramide fotografieren und schüttelt ihnen die Hand – „gewiss eine recht unzeremonielle Sache und gleichzeitig doch eine ganz demokratische", wie er später in seinem Expeditionsbericht schreiben wird. Nun endlich, mit 52 Jahren, steht er dort, „wo jeder Wind, der uns entgegenblasen konnte, ein Südwind sein musste". Dann, am Nachmittag des 7. April bricht er zur Rückreise auf:

**„DAS STREBEN, DEN UNBETRETENEN GIPFEL DER ERDE ZU BETRETEN, WAR ERREICHT."**

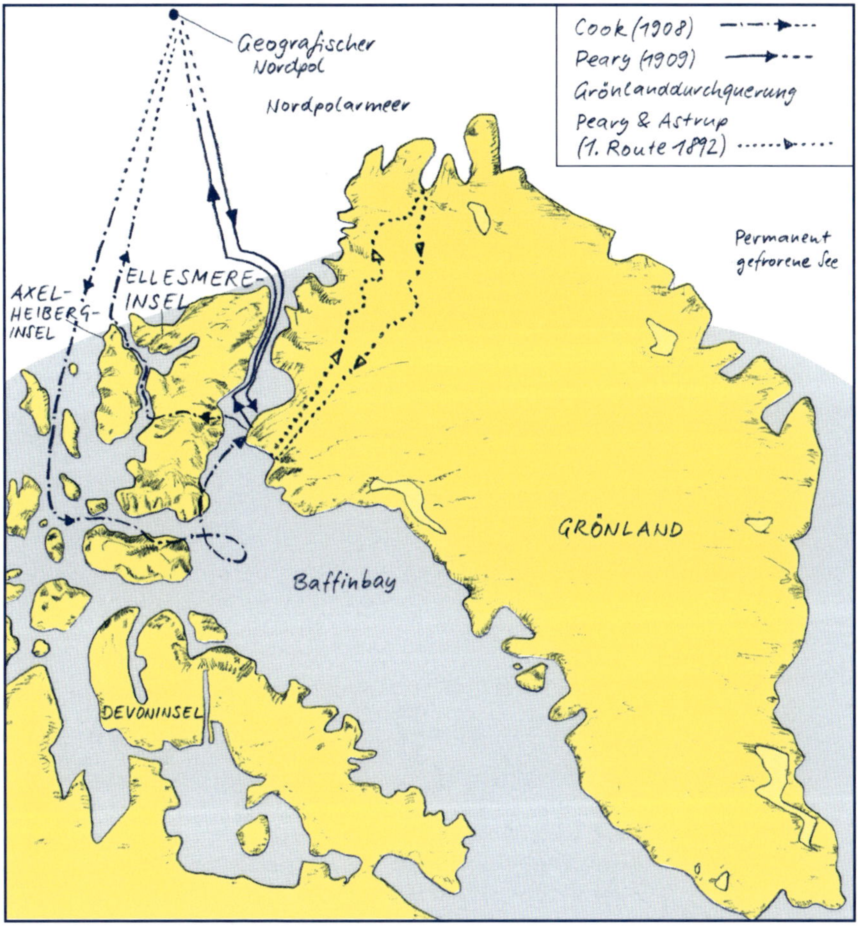


## Am Nordpol?

Robert Peary war der fanatischste und erfolgreichste Arktisforscher, aber, so sagen viele Menschen, die ihn kannten, nicht unbedingt der sympathischste. Sein Vater stirbt früh und er lebt allein mit seiner Mutter. Er ist sehr ehrgeizig und will berühmt werden. In einem Brief an seine Mutter schreibt er: „Ich brauche den Ruhm."

Er wird Ingenieur und heuert bei der Marine an, fährt nach Nicaragua, wo die USA den Bau eines Kanals planen – was nie verwirklicht wird. Stattdessen wird später der Panamakanal ausgehoben. Berühmt wird man aber nicht in Nicaragua. Auch nicht als Ingenieur. Beides weiß Peary. Sein Weg zum Ruhm führt nach Norden. Der Nordpol ist sein Ziel.

In einem Brief an seine Mutter von 1884 schreibt er über Kolumbus:

*Sein „Ruhm [wird] nur von einem geteilt werden, nämlich demjenigen, vor dem eines Tages als Erstem mit 360 Längengraden zu Füßen Ost und West verschwunden sein werden: dem Entdecker des Nordpols".*

Die Polarregionen sind damals noch weitgehend unbekannt. Doch der Wettlauf der Entdecker hat längst begonnen. Sie widerlegen zumindest einige Theorien: Bis dato hatte man geglaubt, das Nordmeer sei am Pol selbst eisfrei und warm und nur durch einen dicken Eisring im Meer umgeben. Am Pol gäbe es Vulkaninseln. Nur die Vermutung, der Nordpol selbst sei ein großes Loch, das in die Erdachse führe und bis zum Südpol reiche, galt selbst damals schon als Fantasie.

Robert E. Peary reist im Mai 1886 nach Grönland, kauft ein paar Hundeschlitten und versucht, die vereiste Insel zu durchqueren. Nach nur 150 Kilometern muss er aber umkehren. 1888 schafft der Norweger Fridtjof Nansen als Erster eine Grönlanddurchquerung.

Drei Jahre später will Peary es erneut versuchen. Diesmal soll auch ihm gelingen, was Nansen geschafft hat. Ende August 1891 legt sein Boot im McCormick-Fjord, südlich von Kap Alexander, an. Das kleine Team verlässt das Boot. Da stehen sie nun. Sie wirken wie Schiffbrüchige, ausgesetzt auf Grönland, auf einem kargen Streifen Fels, auf dem sich einzelne Flechten und Blüten festkrallen, dahinter die Eiswüste.

Am 30. April 1892 bricht die Expedition auf. Die ersten 250 Kilometer bleiben alle zusammen, dann ziehen Peary und der Norweger Eivind Astrup allein weiter. Peary schreibt später darüber:

„Bei klarem Wetter sieht der einsame Reisende inmitten dieser weißen Sahara nur drei Dinge außer sich selbst: Die ununterbrochene weiße Weite des Schnees, die ununterbrochene blaue Weite des Himmels – und die Sonne. Bei wolkigem Wetter verschwinden sofort alle drei."

Irgendwann zeigen sich die ersten Grün- und Brauntöne: dünnes Moos, Flechten, Fels. Ein Vogel ist zu hören. Die Küste ist erreicht.

Peary wiederholt die Grönlanddurchquerung 1893 bis 1895 und wird danach in den USA gefeiert. Er hält Vorträge im Akkord, 165 in 103 Tagen. Sein Honorar: bis zu 2000 Dollar für einen Auftritt. Peary bietet viel Show für das Geld: Er lässt auf den Bühnen ein Eskimolager aufbauen, Iglus, im Hintergrund Eisberge und den Umriss eines Eisbären. Alles aus Holz, Stoff und Papier und weiß angestrichen. Pearys schwarzer Diener Henson, der ihn bei allen Fahrten begleitet, treibt schwitzend in seinem Pelzanzug einige zahme Huskys auf die Bühne, die einen hochbeladenen Schlitten ziehen, Peary spricht über die Einsamkeit der Polarnacht, die Kälte, die Walrossjagd – und davon, dass er als Erster am Nordpol stehen werde.

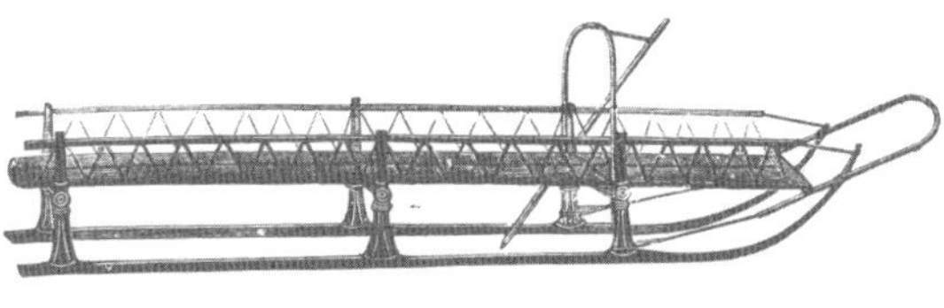

1898 bricht er auf und versucht, den Pol zu erreichen. Am Beginn der Reise erfrieren ihm die Zehen: Acht müssen amputiert werden. Dennoch bleibt er im Norden. Sein Vormarsch wird 1902, etwa 580 Kilometer vor dem Pol, gestoppt. Ein breiter Wasserlauf versperrt ihm den Weg. Er muss umkehren und merkt, dass seine Landsleute unzufrieden sind. Seine Bücher verkaufen sich nicht mehr, die Vorträge sind schlecht besucht. Die Amerikaner haben einen neuen Helden: Frederick Albert Cook.

Dieser Arzt aus New York war 1891/92 auf Pearys zweiter Grönlandreise dabei und hatte sich danach mit diesem zerstritten. Cook hatte andere Expeditionen nach Norden geleitet und überrascht die Amerikaner mit einer Heldentat: 1906 steht er angeblich als erster Mensch auf dem vereisten Gipfel des 6194 Meter hohen Mount McKinley (Denali) in Alaska, dem höchsten Berg Nordamerikas. Im Juli 1907 reist Cook Richtung Grönland ab. Im Herbst 1907 kommt die Nachricht, sein Ziel sei der Nordpol.

Pearys Ehrgeiz ist erneut geweckt. Doch er muss warten, er hat kein Schiff, ihm fehlt Geld. 20 Jahre Entdeckerleben, 20 Jahre Qual, acht amputierte Zehen, ungezählte Frostbeulen, eisige, lichtlose Winter – alles vergebens? Nein, am 6. Juli 1908 ist es so weit: Peary fährt mit seinem Dampfschiff „Roosevelt“ in New York los. Rasch gleitet die Küste vorbei. Die See ist spiegelglatt, bei Labrador tauchen die ersten Eisbrocken auf, dann Eisberge. Grönland in Sicht. Steile, düstere Klippen mit blendend weißem Schnee. Wallendes Inlandeis, leuchtende Eisberge, mal weiß, mal grau, mal blau. Die Sonne geht jetzt nicht mehr unter.

Durch den Smitesund geht es nach Norden zwischen Grönland und der Ellesmereinsel hindurch, in deren Norden sie ihr Winterquartier beziehen. Sie schaffen Lebensmittel und Ausrüstung zum Cape Columbia, von wo die Expedition dann am 28. Februar 1909 aufbricht. Es sind mehrere Gruppen: Eine, die den Weg bahnt, andere übernehmen den Transport, und zuletzt, am 1. März 1909, folgt die Truppe unter Pearys Kommando. Mit dabei: Robert Bartlett aus Brigus, einem Dorf im Osten Neufundlands, ein erfahrener Kapitän und Wissenschaftler.

Sie wandern über das zerklüftete Eis des Nordpolarmeeres. Kälte und Wind greifen an. Morgens kriechen die Männer aus den Iglus. Sie frieren, wenn sie ihre dürftigen Portionen kauen, sie frieren, wenn sie die Schlitten beladen, sie frieren, wenn sie die Hunde anschirren. Dann lenken und tragen sie ihre Schlitten über das stumpfe, oft aufgetürmte Eis, durch Wasserlachen und vorbei an Gletscherspalten – sie schwitzen in ihren Pelzen, vor Anstrengung, mitunter auch vor Furcht, wenn der Schlitten sich bedrohlich neigt und an der Gletscherspalte vorbeischlittert. Abends dann die Hunde ausspannen, ein Iglu bauen, den Spirituskocher aufstellen. Einige bauen, andere versorgen die Hunde und kochen: Suppe mit Pemmikan – eine haltbare Mischung aus Dörrfleisch und Fett. Das gibt es für alle, die Menschen und die Hunde. Zum Frühstück dasselbe.

Das Marschtempo ist hoch und Mitte März kehren die ersten um. Am 1. April misst Robert Bartlett 87° 46' 49" Nord. Es sind noch 246 Kilometer bis zum Pol. Bartlett ist außer Peary der einzige Wissenschaftler im Team. Er ist auch der einzige, der außer Peary mit den Messgeräten umgehen kann. Aber Peary schickt ihn zurück; er will nur mit einigen Inuit und seinem Diener zum Nordpol gehen.

Danach muss sich Pearys Tempo enorm gesteigert haben. Fünf Tage später, am 6. April 1909, notiert er: „Endlich der Pol! Der Preis von drei Jahrhunderten! Mein Traum und Ziel seit 20 Jahren.“
Schon 16 Tage später, am 23. April, kommt Peary wieder ins Lager am Cape Columbia zurück. Er verhält sich gar nicht wie ein erfolgreicher Entdecker. Ruhig, überhaupt nicht triumphierend. Robert Bartlett ist erst drei Tage zuvor zurückgekehrt, obwohl er

fast 500 Kilometer weniger bewältigen musste. Peary schickt kein jubelndes Telegramm nach Hause, sondern meldet sich erst Monate später: Erst am 6. September 1909 verkündet er, dass er als Erster am Nordpol gewesen sei. Denn inzwischen hatte er erfahren, dass sich Frederick A. Cook als Nordpol-Bezwinger in Dänemark feiern lässt. Er behauptet, schon am 21. April 1908 auf 90° Nord gestanden zu haben.

Wer war nun der Erste? Wem soll man glauben: Cook oder Peary? Cooks Fotos scheinen nicht echt zu sein, sie sehen aus wie alte Bilder aus Grönland. Und dann erfährt die Welt, dass Cook den Mount McKinley nie bestiegen hat. Er hatte gelogen.

So glaubt ihm auch keiner mehr, dass er am Nordpol war. Stattdessen glauben alle Peary. Zwar sind seine Notizen nicht vollständig, zwar war sein Marschtempo unwahrscheinlich hoch, zwar sind seine Messungen und Ortsbeschreibungen mangelhaft – doch das ist allen egal. Einer von beiden muss schließlich am Pol gewesen sein. Das Land braucht seinen Helden. Die meisten wissenschaftlichen Gesellschaften der Welt erkennen Peary als Nordpol-Entdecker an.

Wahrscheinlich haben weder Cook noch Peary den Pol gesehen. Sicher weiß man: 1926 überfliegen Roald Amundsen, Lincoln Ellsworth und Umberto Nobile mit dem Luftschiff „Norge" den Pol, 1948 landet ein sowjetisches Flugzeug mit Alexander Kusnezow dort und der US-Amerikaner Ralph Plaisted erreicht am 20. April 1968 den Pol in einem Schneemobil. Doch was hat er dort gesehen? Dort ist nichts, jedenfalls nichts, was den Nordpol von seiner Umgebung unterscheidet. Dort ist kein Land, kein Stein, keine Markierung, nur Schnee und Eis.

# Zeittafel

## 1845

Der Engländer John Franklin sucht in der arktischen Inselwelt Nordamerikas die Nordwestpassage. Alle Mitglieder der Expedition kommen ums Leben.

## 1856

Robert E. Peary wird am 6. Mai in Cresson, Pennsylvania, geboren.

## 1865

Frederick A. Cook wird am 10. Juni in Hortonville, New York, geboren.

## 1873 – 1877

Peary studiert am Bowdoin College in Maine.

## 1886

Peary landet am 6. Juni erstmals auf Grönland.

## 1888

Dem Norweger Fridtjof Nansen gelingt die erste Grönlanddurchquerung.

## 1892

Peary und Astrup gelingt ebenfalls eine Grönlanddurchquerung.

## 1893

Fridtjof Nansen lässt sich mit einigen Männern an Bord der „Fram“ vom Packeis einschließen und hofft, so über den Nordpol zu treiben.

## 1893

Peary landet erneut auf Grönland. 1895 gelingt ihm seine zweite Grönlanddurchquerung.

## 1900

Eine italiensche Expedition erreicht über 86° nördlicher Breite.

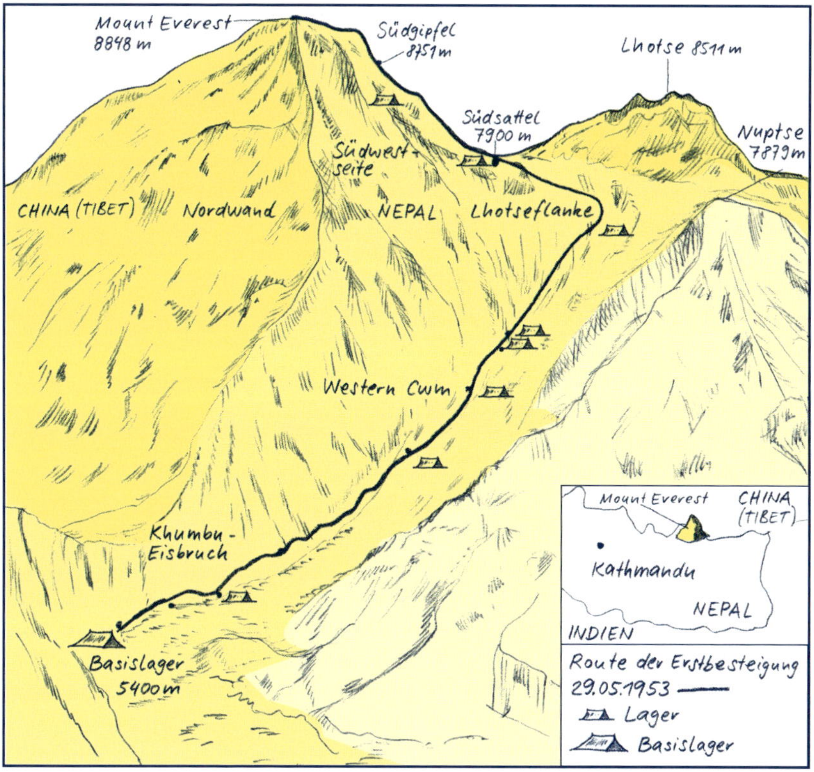


# Zwei Bergsteiger auf dem Dach der Welt

Es ist der 29. Mai 1953, 11.30 Uhr. Lange bleiben die beiden nicht auf dem Gipfel. Tenzing Norgay, der nepalesisch-indischer Abstammung ist, vergräbt ein paar Süßigkeiten im Schnee. Kleine Gaben als symbolisches Geschenk an die Götter, da die frommen Buddhisten glauben, dass diese auf dem Gipfel leben. Hillary, der Neuseeländer, vergräbt ein kleines Kruzifix, das der Expeditionsleiter John Hunt ihm mitgegeben hat. Er schießt noch schnell ein paar Fotos.

*„Ich konnte die Kamera in meinen klobigen Handschuhen kaum ruhig halten, aber ich dachte mir, dass [die Fotos] zumindest ein nützliches Dokument abgäben – darunter eines, auf dem Tenzing Norgay auf dem Gipfel steht und seinen Eispickel, an dem Flaggen der Vereinten Nationen, Englands, Nepals und Indiens flattern, in die Luft hält. Von seinem Gesicht ist nichts zu sehen, er schaut in die Ferne und später berichtet er, was er oben am Gipfel gedacht hat: ‚Meine Gedanken waren bei all denen, die vor uns gegangen sind – Sahibs und Sherpas, Engländer und Schweizer –, bei all den großen Kletterern, den tapferen Männern, die 33 Jahre lang von diesem Berg geträumt und ihn herausgefordert hatten, die gekämpft hatten und gescheitert waren und deren Bemühungen, Wissen und Erfahrung unseren Sieg erst möglich gemacht hatten.'"*

Edmund Hillary und Tenzing Norgay essen noch einen Pfefferminzkuchen, dann steigen sie schnell, aber mit der nötigen Vorsicht ab. Schließlich gilt es – wie Hillary später sagte – nicht nur lebend auf den Berg hinauf-, sondern auch lebend wieder herunterzukommen. Doch die beiden sind ein hervorragendes Team, einer bügelt die Schwächen des anderen aus, sie helfen einander und verstehen sich auch ohne große Worte.

Im Basislager auf 5400 Meter Höhe trifft Hillary seinen Freund George Lowe. Seine ersten Worte: „Well George, we finally knocked the bastard off" – „Na, George, dem Mistkerl haben wir's am Ende doch gezeigt!"

Auch Tenzing Norgay fühlt den Triumph – aber mehr als persönliche Befreiung von einer Idee, einer Besessenheit, die ihn verfolgte. Er schreibt später über seine Rückkehr ins Basislager:

*„Am nächsten Morgen hatte ich nur einen Gedanken: Ich wollte runter und weg von diesem Berg. Jetzt bin ich frei, dachte ich immer wieder. Der Everest hat mich befreit."*

Die beiden Erstbesteiger sind überrascht über den Trubel, der ihnen entgegenschlägt. Noch im Basislager erhält Hillary einen Brief der englischen Königin, in dem sie ihn in den Adelsstand erhebt, wenige Monate später wird er von ihr zum Ritter geschlagen. Tenzing Norgay verlieh sie die George Medal, einen hohen Orden.

Hillary kehrt – über Australien – nach Neuseeland zurück. „In Sydney wurde ich von einer Menschenmenge empfangen, die größtenteils aus hysterischen Frauen bestand", berichtete er im Jahr 2003 in einem Interview mit dem deutschen Nachrichtenmagazin „Der Spiegel": „Aber ich habe auf solche Dinge nicht reagiert. Ich war damals ja schon in meine erste Frau Louise Mary Rose verliebt. Nach der Rückkehr vom Everest machte ich ihr einen Heiratsantrag und sie nahm ihn an." Und auf die Frage, ob ihn der Erfolg verändert habe, sagte er: „Ich bin damals vielleicht etwas naiv an all das herangegangen. Es gab überall auf der Welt Empfänge, Staatsbankette. Ich ernährte mich viel von geräuchertem Lachs und Champagner und wachte am Morgen nicht selten mit einem Kater auf. Das alles hat Spaß gemacht."

Tenzing Norgay geht nach Hause nach Westbengalen. Er leitet dort das neu gegründete Himalayan Mountaineering Institute, eine indische Bergsteigerschule, und begründet später die erfolgreiche Trekking-Agentur „Tenzing Norgay Adventures".

Tenzing Norgay stirbt am 9. Mai 1986 in Darjiling. Der Trauerzug bei seiner Beerdigung ist mehr als einen Kilometer lang. Edmund Hillary überlebt seinen Bergkameraden um mehr als zwei Jahrzehnte. Er stirbt am 11. Januar 2008 in Auckland.

# Zeittafel

## 1914

Sardar Tenzing Norgay wird am 29. Mai in Tshechu, Tibet, geboren.

## 1919

Am 20. Juli wird Edmund Percival Hillary in Auckland, Neuseeland, geboren.

## 1924

George Mallory stirbt im Juni bei dem Versuch, den Mount Everest zu besteigen.

## 1935

Erste Expedition von Tenzing Norgay zum Mount Everest

## 1951

Hillary kommt erstmals in den Himalaja.

## 1952

Tenzing Norgay erreicht im Mai mit dem Schweizer Raymond Lambert am Mount Everest eine Höhe von 8611 Metern.

## 1953

Edmund Hillary und Tenzing Norgay gelingt am 29. Mai die Erstbesteigung des Mount Everest.

## 1958

Am 4. Januar erreicht Hillary als Mitglied der Commonwealth Trans-Antarctic Expedition den Südpol.

## Ab 1960

Hillary gründet den Himalayan Trust zur Unterstützung der nepalesischen Sherpas, der Krankenhäuser und Schulen in der Khumbu-Region nahe dem Everest einrichtet.

## 1984–1989

Edmund Hillary ist Botschafter Neuseelands in Indien, Bangladesch und Nepal.

## 1986

Tenzing Norgay stirbt am 9. Mai in Darjiling im indischen Bundesstaat Westbengalen.

## 1999

Am 1. Mai wird die Leiche Mallorys in 8150 Metern Höhe gefunden.

## 2008

Edmund Hillary stirbt am 11. Januar in Auckland.

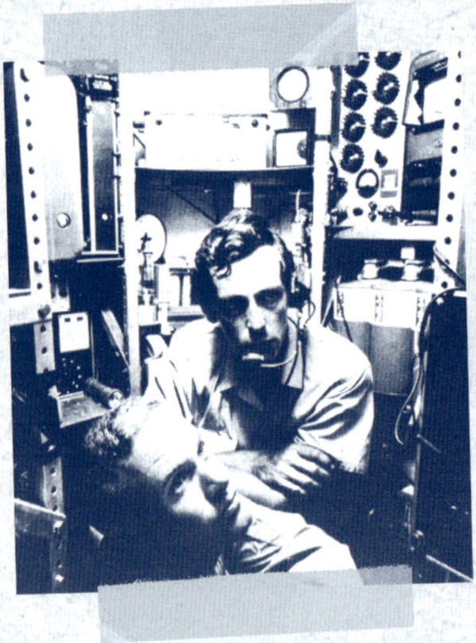

# Jacques Piccard

(28.7.1922 – 1.11.2008)

## Countdown unter dem Meeresspiegel

23. Januar 1960, acht Uhr morgens: schlechtes Wetter. Die Wellen schlagen hoch, als sich Jacques Piccard und Don Walsh in die enge Stahlkugel zwängen. Nur zwei Meter Durchmesser Platz bietet ihr mit Instrumenten vollgestopftes Tauchboot. Ihr Ziel: Mit dem Tauchboot „Trieste" im Marianengraben im Westpazifik die tiefste Stelle der Ozeane erreichen. Und wieder auftauchen natürlich. Etwa 11.000 Meter ist ihr Ziel entfernt. Elf Kilometer – in der Tiefe. Niemand ist bisher dort gewesen.

Der Schweizer und der US-Amerikaner schauen sich noch einmal an. Ein ernster Blick. Piccard lächelt. Don Walsh fährt sich mit der Zunge über die Unterlippe. Um 8.33 Uhr gibt Piccard das Zeichen zum Start.

Langsam sinkt das Boot hinab. Ein Meter pro Sekunde. 60 Meter pro Minute, 3600 in der Stunde. Bald ist es stockdunkel um sie herum. Die Temperatur sinkt. Piccard schaltet die Scheinwerfer ein. Vor den Bullaugen sind seltsame Wesen zu erkennen. Eine leuchtende Qualle, schillernde Fische mit merkwürdigen Tentakeln.

5000 Meter Tiefe: Die Funkverbindung rauscht, sie reißt immer wieder ab.

6000 Meter: Die Fenster der Bullaugen knistern. Der Kunststoff verzieht sich unter dem Druck, der auf ihm lastet – 42.000 Tonnen. Er reißt und springt. Doch er hält. Piccard und Walsh schauen sich an. Was tun? Piccard entscheidet. Er deutet nach unten: weiter in die Tiefe. Walsh nickt. Die Hadalzone ist erreicht, der Bereich der Tiefsee, der nach dem Hades benannt ist, dem Totenreich der griechischen Mythologie.

8000 Meter: Die Fenster halten. Es ist kalt und feucht in der Kabine. Die Atemluft kondensiert und tropft von der Decke herab. Im tiefdunklen Wasser sind immer noch Lebewesen zu sehen: Selbstleuchtende Fische, die flimmernde Blitze ausstoßen.

11.44 Uhr. Piccard schreibt mit klammen Fingern in das Logbuch: 8860 Meter – nun ist die „Trieste" „so tief wie der Everest hoch" ist. Draußen bleibt es duster. Zappenduster. Die Forscher frieren. Walshs Zähne klappern. Piccard schiebt ihm Schokolade hinüber. „Das hilft." Sie schweigen.

9875 Meter. 12.06 Uhr: Ein Krachen! Die „Trieste" schaukelt heftig. Was ist passiert? Piccard und Walsh wissen es nicht. Wieder die Frage: Weitertauchen? Erneut die Antwort: Weiter!

13.06 Uhr: Sanft setzt die „Trieste" auf dem Meeresboden auf. Im Licht der Scheinwerfer sehen die Männer, dass der Boden hell und klar ist, eine Wüste von hell-zimtfarbenem Schlick. Das Thermometer an Bord zeigt 1,8 ° Celsius Außentemperatur, innen ist es nicht viel wärmer. Die Tiefe, laut Messgeräten: 11.521 Meter.

Die beiden Forscher staunen – stimmten die Lotungen nicht? Später stellt sich heraus, dass der Tiefenmesser falsch anzeigte: Sondierungen sprechen von 10.916 Meter Tiefe, 1995 wird die Stelle erneut vermessen: Diesmal sind es 10.911 Meter. Rekord ist es ohnehin.

Eine knappe halbe Stunde bleiben die Forscher unten. Im Licht des Scheinwerfers vermeint Piccard, etwas zu sehen. Einen Plattfisch, halb in den Sand eingegraben, etwa 30 Zentimeter lang und 15 Zentimeter breit, die Augen alle auf ein und derselben Kopfseite, dazu eine rote Garnele. Für ihn ist damit klar, dass es auch in der allertiefsten Tiefsee noch Leben gibt, was viele Ozeanografen bezweifeln. Beweisen kann er seine Beobachtung später nicht, denn er hat keine Kamera dabei.

Als Piccard und Walsh wieder auftauchen, sehen sie, dass eines der 19 Zentimeter dicken Fenster in der Einstiegsröhre gesprungen ist.

# Die Entdeckung der Tiefsee

*„Um 11.12 Uhr kamen wir sanft bei 3000 Fuß [ca. 910 Meter] zum Stehen und ich wusste, dass dies meine ultimative Untergrenze war; das Kabel auf der Winde war fast vollständig abgerollt. Vor einigen Tagen hatte das Wasser bei 2500 Fuß [ca. 760 Meter] schwärzer ausgesehen, als man sich vorstellen konnte, und doch erschien es noch schwärzer als schwarz. Es wirkte, als könnten alle zukünftigen Nächte in der Oberwelt nur noch als relative Abstufungen von Dämmerlicht betrachtet werden. Ich würde das Wort SCHWARZ nie wieder mit Überzeugung benutzen können."*

So beschrieb der amerikanische Naturforscher Charles William Beebe, wie er 1934 die Dunkelheit der Tiefsee wahrnahm. Er hatte sich gemeinsam mit seinem Kollegen Otis Barton in einer Stahlkugel mit Fenstern einschließen lassen. Diese Taucherkugel wurde an einem verstärkten Stahlseil von einem Mutterschiff in das Meer hinabgelassen und wieder hinaufgezogen; über eine Telefonleitung war man mit dem Schiff dauernd verbunden. Der notwendige Sauerstoff wurde in Flaschen mitgenommen. Es gab ein Stromkabel für die Beleuchtung und den Scheinwerfer der Kugel. Beebes Ziel: Die Lebewesen der Tiefsee in ihrer natürlichen Umgebung zu beobachten.

Denn dass es dort welche gibt, wusste man. Schon der antike griechische Geschichtsschreiber Herodot erwähnte, dass bereits im Jahr 450 v. Chr. ein Skyllias aus Skione einen „Kessel" ins Wasser gelassen habe, um so die Fische zu studieren. Und auch andere antike Autoren berichteten von Taucherglocken, die denen ähnlich waren, wie sie dann im späten Mittelalter eingesetzt wurden: luftgefüllte Glocken, die den Tauchern über den Kopf gestülpt wurden.

Ferdinand Magellan bewies bei der allerersten Weltumsegelung, dass das Meer an vielen Stellen weitaus tiefer als 700 Meter ist. Erstmalig wissenschaftlich erforscht wurde die Meerestiefe dann vom britischen Forschungsschiff „Challenger". Von 1872 bis 1876 dauerte seine Forschungsfahrt über die Weltmeere. Systematisch vermaßen die Wissenschaftler um den schottischen Zoologieprofessor Charles Wyville Thomson die Ozeane mit Tiefseelotungen, Temperaturmessungen, Schleppnetzzügen. Sie fanden dabei 4000 neue Tierarten. Ebenfalls 1874 entdeckten amerikanische Wissenschaftler im Pazifik erstmals einen Tiefseegraben von mehr als 8500 Metern Tiefe.

Etwas mehr als 20 Jahre später (1899) gelang es der deutschen Forschungsexpedition unter dem Biologen Carl Friedrich Chun, zahlreiche neue Meerestierarten aus einer Wassertiefe von bis zu 4600 Metern zu fangen. Dänische Biologen fischten um 1950 sogar noch Fische in Tiefen von 7000 Metern. Inzwischen hatte man per Echolot auch herausgefunden, wo das Meer am tiefsten ist: am „Challengertief" im Marianengraben.

Niemals war es jedoch bislang gelungen, die Lebewesen der Tiefsee in ihrem natürlichen Ambiente zu beobachten. Die meisten, die man mit Tiefseenetzen gefangen hatte, waren sogar wegen des geringen Wasserdrucks geplatzt, wenn sie an die Wasseroberfläche kamen.

Beebe und Barton gelingt es 1934 zum ersten Mal. Per Telefon geben sie nach oben weiter, was sie im fahlen Licht ihrer Scheinwerfer sehen.

*„Ein Feuerwerk verschiedener Fische leuchtet auf. Es sind merkwürdige Wesen. Von einigen sind nur die Köpfe erleuchtet, von anderen lediglich die Zähne sichtbar. Andere schwimmen wie in einem Heiligenschein umher."*

Beebe findet zahlreiche neue Fischarten in der Tiefsee, mitunter scheinen ihn aber seine Sinne oder seine Fantasie getäuscht zu haben: So als er den 1,80 Meter großen *Bathysphaera intacta* beschreibt, der an seiner Seite eine Reihe blau leuchtender Leuchtorgane sowie zwei Tentakel besitzen solle. Jeder dieser Fangarme leuchte an seinem Ende, der eine blau, der andere rot. Niemand hat seither den *Bathysphaera intacta* gesehen.

Als Beebe und Barton wieder auftauchen, werden sie in der Öffentlichkeit gefeiert. Beide lehnen kategorisch ab, weitere Tauchversuche zu wagen. 923 Meter Tiefe – das sei genug, um den Wissensdurst der Menschen auf Jahrzehnte zu befriedigen. Barton selbst verbessert 1949 aber seinen Rekord auf 1372 Meter. Doch damit ist erst etwas mehr als ein Zehntel der Meerestiefe erforscht.

## Ein Ballonfahrer im U-Boot

Das reizt den Schweizer Auguste Piccard. Der hat eigentlich in einer anderen Disziplin von sich reden gemacht. Als Ballonflieger. Im August 1932 stellte er einen Höhenrekord mit 16.200 Metern auf, der ihm im Oktober 1934 von seinem Zwillingsbruder Jean und dessen Frau Jeanette entrissen wurde. Sie erreichten 17.341 Meter.

Auguste, der übrigens das Vorbild für Professor Bienlein in den Tim-und-Struppi-Geschichten des belgischen Comiczeichners Hergé war, konzentrierte sich danach auf die Tiefseeforschung.

Er sagte sich, dass Tauchboote, wie sie Beebe und Barton benutzen, nicht ideal seien. Schließlich hängen sie an Seilen, die bei dem hohen Druck in der Tiefsee brechen könnten. Er tüftelte herum und entwarf schließlich die „Trieste", ein sogenanntes Bathyskaph (ein Tiefsee-U-Boot). Es wird 1953 gebaut, kann aus eigener Kraft sinken und wieder auftauchen und hängt nicht wie andere Tauchboote an einem Stahlseil. Die „Trieste" bestand aus einer Metallkugel aus zwölf Zentimeter dickem Stahl, in deren Enge die Passagiere hockten, und einem riesigen Auftriebskörper, der mit Benzin gefüllt war. Da Benzin leichter als Wasser ist, konnte das Boot so langsam wieder auftauchen. Zum Abtauchen hatte die „Trieste" Ballast geladen: tonnenweise Stahlschrott, der von Magneten gehalten wurde und vor dem Auftauchen wieder abgeworfen werden sollte.

Vor den Kapverdischen Inseln probieren August Piccard und sein Sohn Jacques das Bathyskaph erstmalig aus. Sie erreichen bald eine Tiefe von 1380 Metern und überbieten damit Bartons Rekord. Jacques Piccard ist eigentlich weder Tiefseeforscher noch Ingenieur. Er studierte ursprünglich Wirtschaft und Geschichte, dann packte ihn aber die Abenteuerlust. Und er fühlt sich wohl in den Tiefen des Meeres. Angst kennt er nicht. Auf 1000 Meter Tiefe war es am Grund, wie er sagte, „so schön, friedlich und still, da kamen wir nicht auf die Idee, Angst zu haben".

Nun beginnt eine Zeit der Rekorde. Es ist zunächst ein Wettlauf zwischen französischen Teams, die staatliche Unterstützung genießen, und den Piccards. Die Franzosen tauchen im Sommer 1953 auf 2100 Meter, Piccard im Herbst auf 3150 Meter Tiefe. Dann erreichen die Franzosen 3986 Meter und Piccard 3800 Meter.

Schließlich mischen sich die Amerikaner ein. „Die Amerikaner waren die Letzten im Weltraum, sie wollten die Ersten an der tiefsten Stelle im Meer sein. Deshalb kauften sie das Bathyskaph

von uns“, sagte Jacques Piccard 2007 in einem Interview mit der „Neuen Zürcher Zeitung“. Die Piccards entwickeln die „Trieste 2“, das Rekordschiff, mit dem Jacques Piccard und der deutsche Physiker Andreas Rechnitzer im November 1959 auf 5000 Meter Tiefe tauchen.

Doch es dauert noch mehr als ein Jahr, bis Jacques Piccard und Don Walsh ihren Rekordversuch starten können. Die Verhandlungen mit der amerikanischen Marine, die das Projekt finanziert, sind zäh. Denn die will eigentlich eine rein amerikanische Besatzung des Bootes: „Sie wollten zwei Amerikaner hinunterschicken", erinnerte sich Jacques Piccard später. „Aber ich hatte einen Vertrag mit der amerikanischen Marine, der mir das Recht einräumte, bei jedem besonderen Tauchgang dabei zu sein. Sie schauten sich den Vertrag an und sagten, die Unterschrift stamme von jemandem, der schon gestorben sei. Ich fragte sie: ‚Wer hat 1776 Ihre Unabhängigkeitserklärung unterschrieben?' Da lenkten sie ein."

Die Tauchfahrt mit der „Trieste" blieb erstaunlicherweise einzigartig. Nie wieder tauchten Menschen so tief wie Jacques Piccard und Don Walsh am 23. Januar 1960. Vielleicht aus Kostengründen, vielleicht, weil der wissenschaftliche Erkenntnisgewinn der Expedition vergleichsweise gering war.

Jaques Piccard sagte 2007 im Interview:

*„Es gibt tatsächlich kein U-Boot mehr, das so tief tauchen kann. 98 Prozent der Ozeane sind nicht tiefer als 6000 Meter. Es ist wichtiger, ein paar U-Boote für 6000 Meter zu haben, als eines, das noch tiefer taucht."*

# Zeittafel

## 1877
Charles William Beebe wird am 29. Juli in New York geboren.

## 1884
Auguste Piccard wird am 28. Januar in Basel geboren.

## 1899
Frederick Otis Barton wird am 5. Juni in New York geboren.

## 1922
Jacques Piccard wird am 28. Juli in Brüssel geboren.

## 1932

Auguste Piccard gelangt am 18. August mit einem Ballon bis auf 16.940 m Höhe in die Stratosphäre.

## 1953

Die „Trieste", das von Auguste Piccard, dem Vater von Jacques, konstruierte U-Boot für die Tiefseeforschung läuft vom Stapel. Am 30. September erreichen Auguste und Jacques Piccard im Tyrrhenischen Meer eine Tiefe von 3150 Meter.

## 1958

Die US-Marine kauft die „Trieste" und baut sie für Tauchgänge in größere Tiefen um.

## 1960

Am 23. Januar erreichen Jacques Piccard und Don Walsh im Marianengraben eine Tiefe von 10.916 Metern.

## 1962

Auguste Piccard, der Vater von Jacques, stirbt am 24. März in Lausanne.

## 1962

Charles William Beebe stirbt am 4. Juni in Arima, Trinidad.